Ahmed Rahmani

Modélisation et simulation d'un générateur de vapeur industriel

Ahmed Rahmani

Modélisation et simulation d'un générateur de vapeur industriel

Analyse thermohydraulique en régime transitoire par le code RELAP5/Mod3.2

Presses Académiques Francophones

Impressum / Mentions légales
Bibliografische Information der Deutschen Nationalbibliothek: Die Deutsche Nationalbibliothek verzeichnet diese Publikation in der Deutschen Nationalbibliografie; detaillierte bibliografische Daten sind im Internet über http://dnb.d-nb.de abrufbar.
Alle in diesem Buch genannten Marken und Produktnamen unterliegen warenzeichen-, marken- oder patentrechtlichem Schutz bzw. sind Warenzeichen oder eingetragene Warenzeichen der jeweiligen Inhaber. Die Wiedergabe von Marken, Produktnamen, Gebrauchsnamen, Handelsnamen, Warenbezeichnungen u.s.w. in diesem Werk berechtigt auch ohne besondere Kennzeichnung nicht zu der Annahme, dass solche Namen im Sinne der Warenzeichen- und Markenschutzgesetzgebung als frei zu betrachten wären und daher von jedermann benutzt werden dürften.

Information bibliographique publiée par la Deutsche Nationalbibliothek: La Deutsche Nationalbibliothek inscrit cette publication à la Deutsche Nationalbibliografie; des données bibliographiques détaillées sont disponibles sur internet à l'adresse http://dnb.d-nb.de.
Toutes marques et noms de produits mentionnés dans ce livre demeurent sous la protection des marques, des marques déposées et des brevets, et sont des marques ou des marques déposées de leurs détenteurs respectifs. L'utilisation des marques, noms de produits, noms communs, noms commerciaux, descriptions de produits, etc, même sans qu'ils soient mentionnés de façon particulière dans ce livre ne signifie en aucune façon que ces noms peuvent être utilisés sans restriction à l'égard de la législation pour la protection des marques et des marques déposées et pourraient donc être utilisés par quiconque.

Coverbild / Photo de couverture: www.ingimage.com

Verlag / Editeur:
Presses Académiques Francophones
ist ein Imprint der / est une marque déposée de
OmniScriptum GmbH & Co. KG
Heinrich-Böcking-Str. 6-8, 66121 Saarbrücken, Deutschland / Allemagne
Email: info@presses-academiques.com

Herstellung: siehe letzte Seite /
Impression: voir la dernière page
ISBN: 978-3-8416-3060-5

Zugl. / Agréé par: Annaba, Université Badji Mokhtar de Annaba-Algérie, 2007

Copyright / Droit d'auteur © 2014 OmniScriptum GmbH & Co. KG
Alle Rechte vorbehalten. / Tous droits réservés. Saarbrücken 2014

A mes chers parents, A mon épouse et mon fils Anis

Ahmed

Préface

L'analyse de sûreté des installations thermiques, en particulier les systèmes sous pression, s'appuie largement sur la simulation numérique, d'où s'avère la nécessitée des codes systèmes. Pendant les 30 dernières années, l'activité mondiale de recherches dans les études de sûreté des installations thermiques et pétrochimiques a été considérablement intensifiée par l'introduction des codes systèmes d'analyse transitoire [1,2]. Ces codes de calcul sont le résultat de recherche scientifique durant plusieurs décennies de collaboration internationale dans le domaine de la sûreté et de la conception des installations thermiques. L'utilité grandissante des outils de simulation numérique s'appuie principalement sur le développement des méthodes numériques, l'avancement de la programmation et l'apport de moyens informatiques puissants [3].

Récemment, plusieurs investigations numériques et analytiques ont été effectuées dans le but d'étudier le comportement thermohydraulique des chaudières industrielles à travers l'application de techniques CFD et d'autres méthodes mathématiques avancées [4-9]. Ces dernières sont basées d'une part sur le modèle homogène avec l'équilibre thermique et mécanique entre les deux phases d'écoulement et d'autre part, sur des simplifications géométriques et phénoménologiques du système. Ce qui rendre ces modèles incapables de prévoir des situations complexes tels que les phénomènes de gonflement, de tassement et la crise d'ébullition apparaissant lors des régimes transitoires. Le calcul des situations complexes nécessite l'utilisation des logiciels adaptés qui se basent sur des modèles physiques décrivant le mieux possible ces phénomènes [10,11].

Actuellement, il est devenue possible de simuler le comportement globale d'une installation thermique (pompes, tuyauterie, échangeurs de chaleurs, réservoirs, vannes, chaînes de contrôle,...) en fonctionnement normal et accidentels grâce à des codes systèmes d'analyse transitoire. Parmi les codes de calculs les plus répondus dans les études de sûreté des installations nucléaires, on mentionne: RELAP, TRAC, CATHARE, ATHLET et APROS. Ces codes de calcul possèdent la possibilité de prévoir le comportement thermohydraulique des installations et de reproduire les phénomènes physiques ayant lieu durant le fonctionnement normal et transitoire [12-14].

L'utilisation des codes systèmes dans l'analyse thermohydraulique des générateurs de vapeur a été l'objet de plusieurs travaux de recherche. Jusqu'à présent, la plus part de ces outils de calculs sont limités au domaine nucléaire [15,17]. Cependant, beaucoup d'aspects thermohydrauliques dans l'analyse de sûreté des centrales nucléaires peuvent être aussi appliqués aux installations conventionnelles telles que les chaudières industrielles [17]. D'ici, vient l'idée principale de notre travail.

L'objectif principal de ce travail est la simulation du comportement thermohydraulique du générateur de vapeur Faives-Cail Babcok (FCB) en régime stationnaire et transitoire à l'aide du code de calcul RELAP5/Mod3.2. Le générateur de vapeur type FCB appartient à la famille des chaudières à tubes d'eau qui fonctionnent sous le principe de circulation naturelle. Ces chaudières ont été développées par George Babcock et Stephen Wilcox en 1867.

Ce travail s'est déroulé au laboratoire d'Analyse de Sûreté, Centre de Recherche Nucléaire de Birine (Algérie). Cette étude est composée de 4 chapitres. Le premier chapitre présente une description détaillée des différentes parties de l'installation FCB ainsi que les systèmes de contrôle et de régulation associés. Une description complète du mouvement des fluides eau/fumée ainsi que les mécanismes de transfert de chaleur et de changement de phases ont décrits.

Au chapitre II, une présentation succincte du code RELAP5 a été donnée. Cette présentation concerne le développement des différentes versions du code, l'architecture de base, les méthodes numériques utilisées, les corrélations de transfert de chaleur et de masse ainsi que les principaux modèles hydrodynamiques de base.

Le chapitre III concerne sur l'approche suivie et les techniques de découpage utilisées pour la modélisation de la chaudière FCB. Le modèle adopté englobe les composants de l'installation situés entre la bâche d'eau d'alimentation et le barillet.

Ces composants sont les pompes d'alimentation, l'économiseur, le générateur de vapeur, les surchauffeurs primaire et secondaire ainsi que la tuyauterie de liaison. Les systèmes de contrôle et de régulation de la pression à la sortie de la pompe, du niveau d'eau dans le générateur de vapeur et de la température de la vapeur surchauffée sont pris en considération dans la modélisation. La qualification de la modélisation est effectuée par la confrontation des résultats de simulation obtenus par le code RELAP5/Mod3.2 avec les données d'exploitation de la chaudière FCB en régime stationnaire. A cet effet, trois modes de fonctionnement relatifs aux trois débits de la vapeur produite sont considérés. L'analyse des résultats obtenus montre les différents régimes du transfert de chaleur lors de l'ébullition le long des tubes vaporisateurs de l'écran latéral de la chambre de combustion. Les profils des paramètres thermo-hydrauliques tels que le coefficient de transfert de chaleur, la température interne de la paroi, la vitesse d'écoulement liquide/vapeur, la pression et le taux de vapeur sont donnés le long des tubes vaporisateurs pour les trois modes de fonctionnement.

Le chapitre IV est consacré à l'analyse du transitoire d'un accident de perte de débit d'eau d'alimentation. Cet accident est provoqué par l'arrêt des pompes d'alimentation. Le but de cette étude est l'analyse du comportement thermohydraulique de l'installation FCB et particulièrement les tubes vaporisateurs de la chambre de combustion suite à cet accident. L'analyse des résultats obtenus montre le rôle des systèmes de contrôle dans la protection de la chaudière FCB. Dans le cas où les systèmes de contrôles et les actions de sécurités échouent à prévenir l'accident et arrêter les brûleurs, le phénomène de crise d'ébullition apparaît dans le générateur de vapeur. En conséquence, les tubes vaporisateurs situés au plafond de la chambre de combustion sont les premiers touchés par le phénomène d'assèchement de la paroi. Par ailleurs, ce travail met en évidence la relation qui existe entre l'accident de perte de débit d'eau d'alimentation et le problème d'éclatement des tubes de générateurs de vapeur.

Dr. Rahmani Ahmed, Oum El-Bouaghi, 2015

Liste des Symboles

A	section d'écoulement (m^2)
CHF	flux de chaleur critique (W/m^2)
Cp	capacité calorifique (J/kg.K)
D	diamètres hydraulique (m)
g	constante gravitationnelle (m/s^2)
G	débit massique (kg/s)
h	coefficient de transfert de chaleur (W/m^2.K)
h_{fg}	chaleur latente de vaporisation (J/kg)
P	pression (Pa)
q	densité de flux de chaleur (W/m^2)
T	température (K)
T_{spt}	température de la paroi (K)
T_{spp}	température de saturation basée sur la pression totale (K)
V	vitesse (m/s)

Symboles

α	taux de vapeur
β	coefficient d'expansion thermique (K^{-1})
Γ	coefficient de transfert de masse (kg/m^3.s)
χ	fonction de Lochart-Martinelli
ρ	masse volumique du fluide (kg/m^3)
σ	tension superficielle (J/m^2)
ε	émissivité
ε	rugosité (m)
λ	coefficient de frottement
μ	viscosité (kg/m.s)
k	conductivité thermique (W/m.K)
τ	contrainte (N)

Nombres adimensionnels

Re   nombre de Reynolds = GD/μ

Nu   nombre de Nusselt = hD/k

Pr   nombre de Prandtl = $\mu C_p/k$

Gr   nombre de Grashof = Gr = $\rho^2 g \beta (T_w - T_b) L^3 / \mu^2$

Ra   nombre de Rayleigh = Gr Pr

We   nombre de Weber = $\rho D v^2 / \sigma$

Indices

I   interface

f   liquide

g   vapeur ou gaz

w   paroi

sat   saturation

crit   critique

Table des matières

Chapitre I: Description du générateur de vapeur FCB

1. Introduction... 2
2. Description du générateur de vapeur FCB........................ 2
   - 2.1 Circuit principal d'eau d'alimentation 4
   - 2.2 Générateur de vapeur.. 7
   - 2.3 Circuit principal de vapeur 11
3. Circulation eau et fumée 13
   - 3.1 Principe de la circulation naturelle 14
   - 3.2 Séparation eau/vapeur 15
4. Contrôle et régulation du générateur de vapeur 17
   - 4.1 Régulation de pression sortie pompe 17
   - 4.2 Régulation de niveau 18
   - 4.3 Régulation de surchauffe 21
5. Sécurités de la chaudière 21
   - 5.1 Sécurités générales chaufferie 21
   - 5.2 Sécurités secondaires chaudière............................ 21
   - 5.3 Sécurité principale chaudière 22
   - 5.4 Sécurités brûleurs 22
6. Opérations à effectuer en cas d'accident 23
   - 6.1 Manque d'eau 23
   - 6.2 Rupture de tube... 23

Chapitre II: Présentation du code de calcul RELAP5/MOD3.2

1. Introduction.. 26
2. Développement du code RELAP5.................................. 26

3.	Architecture de base du code RELAP5	27
	3.1 Calcul stationnaire	27
	3.2 Calcul transitoire	27
4.	Modèle hydrodynamique	29
	4.1 Système d'équation	29
5.	Modèles constitutives	32
	5.1 Modèle de transfert de chaleur	32
	5.2 Modèles de base de transfert de chaleur	36
	5.3 Modèles de transfert de masse	45
	5.4 Modèle de frottement aux parois	47
6.	Modélisation hydrodynamique	49
	6.1 Caractéristiques hydrodynamiques	49
	6.2 Principaux composants du code RELAP5	49

Chapitre III: Simulation du générateur de vapeur FCB à l'état stationnaire

1.	Introduction	58
2.	Modélisation de la chaudière FCB...	59
	2.1 Ligne principale d'eau d'alimentation....................................	60
	2.2 Générateur de vapeur..	61
	2.3 Ligne principale de vapeur	63
	2.4 Modélisation des systèmes de régulation................................	64
	2.5 Modélisation des structures de chaleur...................................	67
	2.6 Calcul des densités de flux de chaleur imposées....................	67
3.	Simulation à l'état stationnaire..	69
	3.1 Etude comparative	70
	3.2 Caractéristiques thermohydrauliques du générateur de vapeur.........	71

3.3 Analyse thermohydraulique des tubes vaporisateurs de l'écran-D…		72
4. Conclusion………………………………………………………		75

Chapitre IV: Simulation d'un accident de manque d'eau d'alimentation

1. Introduction………………………………………………………		78
2. Scénarios accidentels ……………………………………………..		80
3. Simplification et suppositions…………………………………….....		81
4. Résultats et discussions………………………………………….…..		82
4.1 Scénario Atténué………………………………………..		82
4.2 Scénario non-Atténué……………………………………..		77
4.3 Analyse des conditions de crise d'ébullition ………………..		
5. Conclusion………………………………………………………...		97
Conclusion générale ……………………………………………........		100

Bibliographie

Chapitre I
Description du Générateur de Vapeur FCB

1. Introduction

La chaudière à vapeur Fives-Cail Babcock (FCB) est installée en 1983 à la centrale Utilité-II au sein du complexe national Fertial-Annaba. Ce complexe a été confié à la société française KREPS avec la participation de SONATRACH suite au contrat signé le 07/05/1972. Le complexe est destiné à la fabrication des engrais phosphatés et azotés, pour satisfaire les besoins de l'agriculture algérienne [19]. Le rôle principal de ces chaudières, est d'assurer l'alimentation de l'entreprise avec de la vapeur surchauffée. La chaudière FML 13 M 102 est un générateur de vapeur de type (D), à circulation naturelle à deux ballons. Elle est conçue pour un fonctionnement manuel ou automatique selon l'étape d'exploitation. Sa capacité maximale est 70 t/h de vapeur surchauffée sous une pression de 43 bars et une température de 420 °C. La chaudière est conçue pour fonctionner sous trois modes d'opération avec des charges appropriées. La figure I.1 montre une vue d'ensemble de la chaudière FCB.

Figure I.1: Vue d'ensemble de la chaudière Fives-Cail Babcock.

2. Description de l'installation FCB

Les parties sous pression de la chaudière sont calculées et construites selon le Code FCB de construction des chaudières [19]. Ce code, qui décrit les matériaux utilisés, les règles de calcul, les prescriptions de mise en œuvre et le contrôle de la qualité, constitue un recueil de règles internes que les divers départements de la société Fives-Cail Babcock appliquent, sauf spécifications contraires explicitées dans la commande, pour que les chaudières construites aient la sécurité nécessaire et donnent satisfaction à l'usage. La chaudière FML 13M102 se compose de:

- la chaudière proprement dite du type monobloc transportable,
- un économiseur,
- la robinetterie et les accessoires réglementaires équipant la chaudière,
- les tuyauteries inhérentes à la chaudière,
- les fumisteries, le calorifuge et le bardage de la chaudière,
- le ventilateur de soufflage et les équipements de chauffe au gaz,
- les escaliers, échelles et passerelles inhérentes à la chaudière,
- le reliage des automates,
- les matériels de régulation et de contrôle,
- une armoire regroupant les automatismes, la régulation et le contrôle installée à l'extérieur à proximité immédiate des chaudières,
- un silencieux de mise à l'air libre du surchauffeur,
- les boulons de scellement des différents matériels fournis,
- un ballon de détente des purges et les tuyauteries inhérentes.

La chaudière à vapeur FCB peut être subdivisée en trois principaux circuits: le circuit principal d'eau d'alimentation, le générateur de vapeur et le circuit principal de vapeur. Cette répartition est faite a la base de l'état de l'eau depuis son admission au niveau de la bâche d'alimentation jusqu'au barillet. La phase liquide sous saturée désigne la ligne principale d'alimentation. Le changement de phase liquide/vapeur (ébullition, évaporation et condensation) a lieu dans le générateur de vapeur. L'état vapeur et ses transformation (surchauffe, désurchauffe,…) caractérise la ligne principale de vapeur. La figure I.2 montre un schéma descriptif de l'installation FCB.

2.1 Circuit principal d'eau d'alimentation

2.1.1 Bâche d'alimentation

La bâche d'eau d'alimentaire est un grand réservoir placé à une altitude de 13.5 m de la sole. Cet endroit est le siège du processus de dégazage d'eau, ceci pour éviter la cavitation des pompes alimentaires. La bâche est considérée aussi comme un collecteur d'eau déminéralisée (issue de la station de déminéralisation d'eau de mère SIDEM) et l'eau des condensats. Les caractéristiques techniques et thermohydrauliques de la bâche sont :

- diamètre intérieur : 3 m
- longueur : 6 m
- volume : 44 m^3
- pression d'eau : 1.6 bars
- température maximale: 105°C

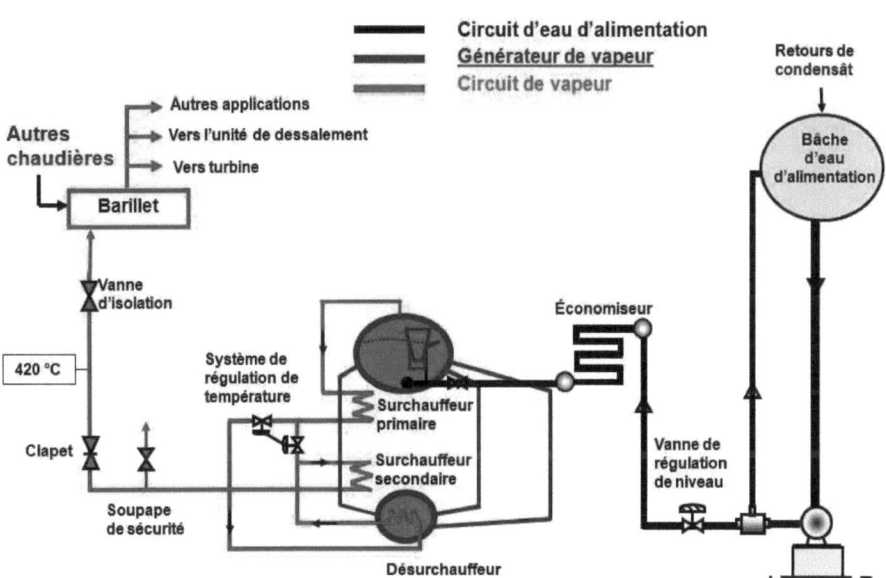

Figure I.2: Schéma descriptif des principaux composants de l'installation FCB.

2.1.2 Pompes d'alimentation

Les pompes d'alimentation utilisées par la chaudière FCB sont de type SULZER-NSG. Ces pompes centrifuges horizontales et multi-cellulaires servent notamment de pompes d'alimentation de chaudières. La pompe type SULZER-NSG peut être employée pour des débits allons jusqu'à 200 m^3/h et des pressions jusqu'à 100 bars [1]. La figure I.3 montre un schéma d'une pompe centrifuge utilisée pour l'alimentation des chaudières FCB.

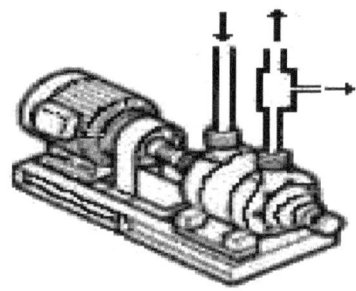

Figure I.3: Pompe centrifuge multicellulaire.

Les principales caractéristiques de service de la pompe sont :
- débit nominal: 58.7 m^3/h,
- débit minimum : 6 m^3/h,
- hauteur manométrique : 586 m,
- pression de refoulement : 55.45 bars,
- poids spécifique : 954.7 Kg/m^3,
- puissance absorbée- pompe : 135 kW,
- vitesse de rotation de l'arbre : 2950 Tr/min,
- température de service : 105°C.

2.1.3 Vanne de régulation de niveau

Le débit d'eau d'alimentation est contrôlé par une servo-valve de régulation de niveau placée avant l'économiseur. Le système de régulation de niveau du générateur de vapeur sert à maintenir le niveau d'eau par l'action sur la vanne principale d'eau d'alimentation basé sur trois paramètres: le signal de niveau d'eau dans le réservoir supérieur, le signal du débit d'eau d'alimentation et le signal du débit vapeur. Une vanne manuelle est placée parallèlement à la vanne de régulation de niveau et n'est utilisée qu'au démarrage de la chaudière.

2.1.4 Economiseur

L'économiseur est un échangeur de chaleur à multi-passage situé dans l'écoulement des gaz d'échappement chauds sortant de la chaudière, il est placé juste entre la cheminé et la sortie de la chaudière. L'économiseur récupère l'énergie résiduelle des fumées en aval de la section de convection et la transfère à l'eau d'alimentation de la chaudière augmentant l'efficacité thermique et réduisant les émissions thermiques. La figure I.4 montre un schéma représentatif de l'économiseur. La conception typique de l'économiseur se compose d'un faisceau des tubes à ailettes, des plaques de maintien de tubes (permettant l'expansion libre des tubes), d'une enveloppe en acier (accomplissez l'isolation thermique), des portes d'inspection et de nettoyage, des vannes et des accessoires.

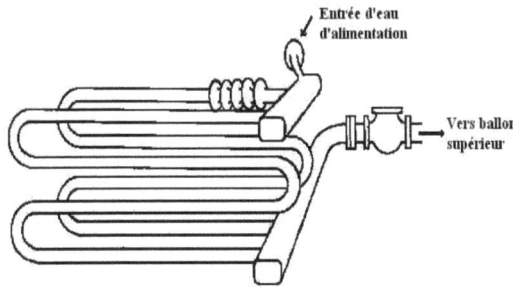

Figure I.4: Représentation de l'économiseur.

La fourniture Fives-Cail Babcock comprend les éléments suivants :

- le faisceau de tube en acier équipé d'ailettes en acier,
- les coudes soudés,
- le collecteur d'entrée et le collecteur de sortie d'eau,
- un encadrement métallique,
- l'enveloppe métallique calorifugée assurant l'étanchéité du circuit de gaz,
- une trémie calorifugée,
- la charpente support de l'ensemble.

Les paramètres thermohydrauliques pour la charge maximale sont :

- débit d'eau : 70 t/h,
- débit de fumées : 86150 kg/h,
- température d'entrée eau : 105°C,
- température de sortie eau : 162°C,
- température d'entré fumée : 357°C,
- température de sortie fumée : 180°C

2.2 Générateur de vapeur

Le générateur de vapeur de la chaudière FCB (Fig. I.5) se compose de deux réservoirs, d'une chambre de combustion constituée par des écrans d'eau et d'un faisceau de tubes mandrinés entre les deux réservoirs. Les deux réservoirs sont de construction soudée. Ils se composent d'une virole horizontale et de deux fonds percés chacun d'un trou d'homme. Le générateur de vapeur est essentiellement subdivisé en deux compartiments; la chambre de combustion et la section de convection. Ces compartiments sont délimités par des murs constitués avec des tubes à ailettes ayant un diamètre intérieur de 55,5 mm. Un faisceau de tubes vertical de diamètre intérieur de 45 mm prend place dans la section de convection. La surface totale de chauffage est de 901 m^2.

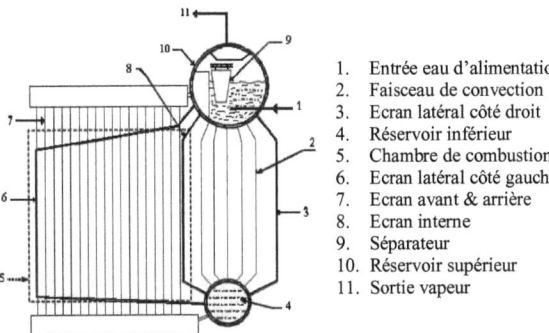

1. Entrée eau d'alimentation
2. Faisceau de convection
3. Ecran latéral côté droit
4. Réservoir inférieur
5. Chambre de combustion
6. Ecran latéral côté gauche
7. Ecran avant & arrière
8. Ecran interne
9. Séparateur
10. Réservoir supérieur
11. Sortie vapeur

Figure I.5: Coupe transversale du générateur de vapeur FCB.

2.2.1 Réservoir supérieur

Le réservoir supérieur du générateur de vapeur est l'un des principaux composants de l'installation FCB. Il est le siège de plusieurs mécanismes physiques : l'injection d'eau d'alimentation, la collection de la vapeur et la séparation des deux phases liquide/vapeur. C'est un grand réservoir horizontal d'une longueur de 9768 mm et 1371 mm de diamètre interne. La figure I.6 montre un schéma simplifié du réservoir supérieur.

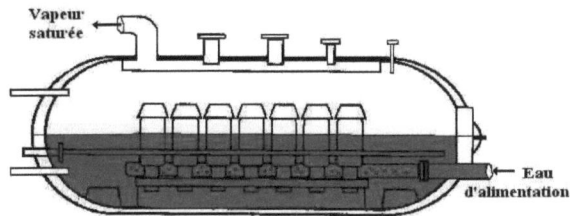

Figure I.6: Schéma simplifié du réservoir supérieur.

Le réservoir supérieur comporte :

- des tôles métalliques utilisées pour séparer l'eau d'alimentation froide et l'émulsion eau/vapeur issue des écrans vaporisateurs,
- les tôles déflectrices formant un coffrage étanche conduisant l'émulsion vers les séparateurs,

- la tubulure perforée de répartition d'eau d'alimentation, située à la partie inférieure du ballon, pour garder la stratification thermique d'eau et améliorer la circulation du fluide dans le circuit,
- les cyclones séparateurs d'eau/vapeur équipés de sécheurs primaires inclinés,
- les sécheurs de vapeur secondaires,
- deux soupapes de sûreté placées sur la partie supérieure du réservoir, servent à purger le ballon dans le cas des pressions de vapeur supérieurs à 47 et 48 bars respectivement.

2.2.2 Réservoir inférieur

Le ballon inférieur est installé parallèlement au dessous du réservoir supérieur, il est de 762 mm de diamètre intérieur et de même longueur que le réservoir supérieur. Le réservoir inférieur joue le rôle d'un collecteur d'eau qui assure l'alimentation des tubes écran de vaporisation, de l'homogénéisation de la température d'eau issue de plusieurs tubes chauffés différemment et il est aussi utilisé pour la désurchauffe de la température de vapeur. Le réservoir inférieur comporte aussi une purge de déconcentration permanente destinée à minimiser les sels minéraux et les produits de traitement d'eau d'alimentation. Le prélèvement continu se fait grâce à un robinet de dégazage spécial, à très faible débit d'environ 3% du débit d'eau d'alimentation [19].

2.2.3 Chambre de combustion et faisceau

La chambre de combustion prend la forme d'un parallélépipède de 9487 mm de longueur, 2392 mm de largeur et 3200 mm de hauteur. Les parois de la chambre de combustion sont du genre " tube Murray " à surfaces refroidies en continue. Les tubes possèdent des ailettes jointives constituant ainsi une enveloppe étanche aux gaz. Le faisceau tubulaire proprement dit est constitué de tubes lisses alignés, mandrinés à leurs extrémités dans les deux réservoirs. Les tubes du faisceau qui constituent la paroi avant et arrière comprise entre les deux réservoirs, sont munis d'ailettes longitudinales. Les tubes formant les parois latérales de la chaudière, qu'il s'agisse des panneaux membranes ou des tubes à ailettes, comportent les déformations nécessaires pour les portes de visite et d'observation. La figure I.7 montre des exemples des tubes écran du générateur de vapeur FCB.

Figure I.7: Ecrans tubulaires constituant les parois de la chaudière FCB.

L'écran avant et l'écran arrière de la chambre de combustion (Fig. I.5) sont formés par des panneaux membranes verticaux soudés à leurs extrémités sur des collecteurs inférieurs et supérieurs. Plusieurs tubes de l'écran avant sont déformés et munis de studs recouverts de ciment réfractaire, pour former les ouvreaux refroidis des brûleurs. Les collecteurs inférieurs et supérieurs de ces écrans sont reliés aux réservoirs correspondants par des tubes d'alimentation d'eau et de dégagement d'eau et de vapeur. La sole, l'écran latéral extérieur, le foyer et le plafond de la chambre de combustion sont constitués par des panneaux membranes qui sont alimentés par le réservoir inférieur et qui débouchent dans le réservoir supérieur. Les tubes des panneaux sont mandrinés dans les réservoirs. La paroi de la chambre de combustion côté faisceau, est constituée par des tubes jointifs à l'exception de ceux qui vers l'arrière de la chaudière sont débouchés pour permettre l'entrée des gaz dans le section de convection. Les tubes de soles horizontales sont recouverts de réfractaires et munis d'une pente minimale pour éviter la formation et la coalescence des bouchons de vapeur. Les tubes de plafond sont légèrement inclinés et montants vers le réservoir, pour être sûr qu'il y aura toujours de l'eau dans la portion inférieure de tube située au côté feu.

2.2.4 Système de combustion

Il se compose de deux brûleurs à gaz naturel placés sur l'écran avant du foyer. Les brûleurs sont insérés dans les caissons d'admission d'air au foyer. L'air de combustion est poussé par un turbo-ventilateur de soufflage. La présence de flamme dans le foyer est contrôlée à l'aide des cellules de détection de flamme placée sur chaque brûleur.

2.3 Circuit principal de vapeur

La ligne principale de vapeur comprend: la canalisation de vapeur, les surchauffeurs primaire et secondaire, le désurchauffeur, les systèmes de contrôle et de régulation. La vapeur saturée sortante du générateur de vapeur est acheminée vers les surchauffeurs. La vapeur traverse le surchauffeur primaire, où sa température est sensiblement augmentée au-dessus de la saturation. Traversant le surchauffeur secondaire, la température de vapeur est portée à la valeur désirée de 420°C.

La ligne principale de vapeur est équipée d'une soupape de sûreté placée à la sortie de surchauffeur pour le contrôle de la pression plafonnée de 44 bars. La vapeur issue de la chaudière est collectée dans un grand réservoir cylindrique appelé Barillet.

2.3.1 Surchauffeur et désurchauffeur

La chaudière FCB est équipée d'un surchauffeur à convection logé à l'avant du faisceau de convection à la place d'un certain nombre de tube d'eau (Fig. I.10) et d'un désurchauffeur par surface destiné à maintenir constante la température de la vapeur, au-delà de la surchauffe. Le surchauffeur est un échangeur de chaleur tubulaire à quatre passes. Il est situé dans une zone protégée dans le puit arrière de la chaudière (zone de convection), afin d'éviter la défaillance de fatigue et de fluage due à l'exposition à des températures élevées sur une longue période. Il comprend le surchauffeur primaire, le surchauffeur secondaire, et le désurchauffeur installé dans le ballon inférieur. Le surchauffeur comprend des faisceaux tubulaires composés d'épingles inversées disposées verticalement et soudées à leurs parties inférieures sur des collecteurs horizontaux. La figure I.8 montre l'évolution de température de la vapeur à travers les quatre-passe du surchauffeur.

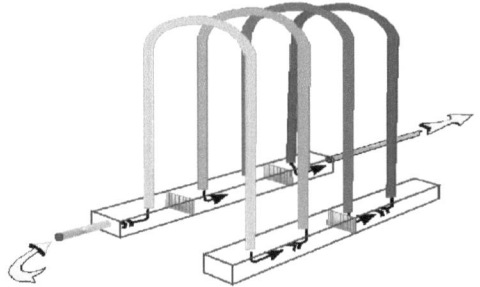

Figure I.8: Surchauffeur tubulaire à quatre passes.

Le surchauffeur est aussi équipé d'un échangeur tubulaire (désurchauffeur) placé entre les deux surchauffeur (Fig. I.13). Le but de cet échangeur est la désurchauffe d'une fraction de la vapeur pour le contrôle de la température de la vapeur dans le surchauffeur secondaire. Le désurchauffeur comprend les éléments suivants :

- le faisceau proprement dit, composé d'épingles disposées horizontalement et soudées à leurs extrémités sur des plaques tubulaires,
- les boîtes d'entrée et de sortie de vapeur supportant les plaques tubulaires,
- les tuyauteries d'entrée et de sortie de vapeur,
- les manchons thermiques, du type manchon à air, qui assurent le passage des tuyauteries de vapeur à travers le réservoir inférieur,
- les supports du faisceau tubulaire disposés à l'intérieur du réservoir inférieur.

Le contrôle de la température surchauffé est l'une des exigences principales. D'une part, il est souhaité que les caractéristiques thermodynamiques de la vapeur (pression et température) reste invariables en fonction du temps. D'autre part, et le plus important c'est le contrôle de la température des surfaces métalliques des tubes de surchauffeur. Rappelons que ses derniers fonctionnent prés des limites thermique et mécanique du matériau.

3. Circulation eau et fumée

La figure I.9 montre le circuit eau-vapeur et le circuit fumé de combustion dans le générateur de vapeur FCB. Une boucle de circulation naturelle est établie dans le système, produite par la différence de masse volumique entre l'eau relativement froide dans les tubes descendants et le mélange diphasique eau-vapeur dans les tubes ascendants. L'eau d'alimentation traversant l'économiseur, pénètre dans le réservoir supérieur via une tubulure perforée située à la partie inférieure du réservoir (Fig.I6).

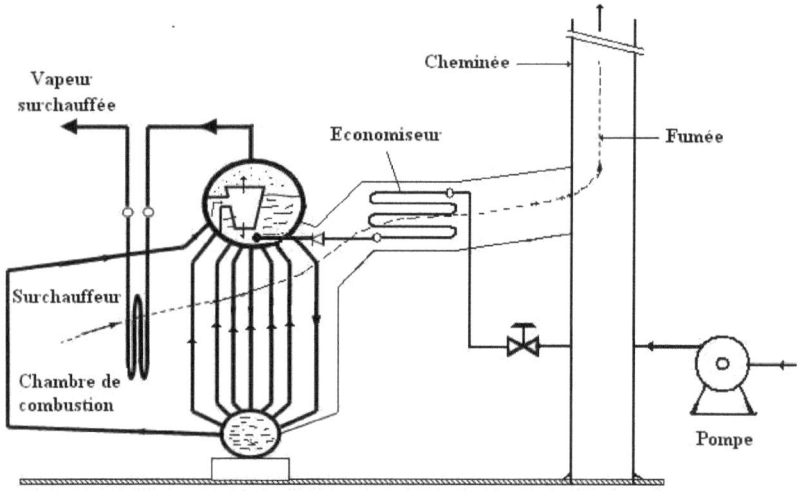

Figure I.9: Circulation d'eau et de fumées dans la chaudière FCB.

En raison de sa densité plus élevée, l'eau froide circule vers le bas via les tubes descendants représentés par l'écran arrière dits, "downcomers". L'eau extraite du réservoir, "ballon supérieur", est acheminée par les tubes descendants du ballon inférieur. Elle se dirige ensuite vers les tubes formant le plancher de la chambre de combustion, les collecteurs latéraux et les tubes ascendants du faisceau de convection. Après une vaporisation partielle, elle arrive au ballon supérieur sous forme de mélange eau-vapeur. Le mélange eau-vapeur atteint le ballon supérieur se dirige vers les cycloniques de séparation. La séparation eau-vapeur est réalisée par l'intermédiaire des cyclones constitués par des cylindres verticaux ouverts aux extrémités et demi-submergés dans l'eau. L'eau de séparation est recueillie dans le compartiment du liquide et la vapeur passe par un système de séparation formé de tôles ondulées et d'un filtre qui retient les gouttelettes d'eau présentées dans la vapeur. Alors, la vapeur sèche se dirige vers le surchauffeur primaire ensuite le surchauffeur secondaire avant d'être collectée dans le barillet.

Les gaz de combustion s'écoulent du foyer vers le puits arrière à travers un passage réalisé par la disposition en alternance des tubes dépourvus d'ailettes de l'écran arrière, tubes individuels permettent le passage des fumées. Les fumées traversent le faisceau de convection, remontent vers l'économiseur et s'échappent finalement par la cheminée. La figure I.10 met en évidence le parcours des gaz de combustion à travers les échangeurs de chaleur de la chaudière FCB.

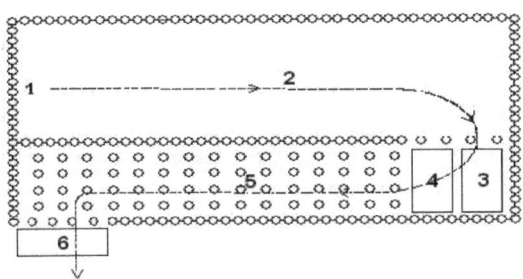

Figure I.10: Circulation des gaz de combustion dans la chaudière, (1) brûleur, (2) foyer, (3 et 4) surchauffeurs secondaire et primaire (5) section de convection, (6) économiseur.

3.1 Principe de la circulation naturelle

La circulation du mélange eau-vapeur et dite naturelle, en ce qu'elle s'établit d'elle-même dans les circuits du générateur de vapeur par le jeu des différences de masse volumique des colonnes de fluide en présence. Le débit de circulation est de quarante à dix fois plus important que le débit nominal de vapeur produite pour des pressions de fonctionnement allant de 20 à 120 bars. L'effet de la circulation naturelle diminue donc progressivement lorsque l'on se rapproche de la pression critique de 221 bars [20]. Le taux de vapeur moyen du mélange eau-vapeur correspond toujours au régime d'ébullition nucléée, qui garantit un bon refroidissement des tubes vaporisateurs avec des coefficients d'échanges internes de l'ordre de 20 à 40 kW/m^{2}K [21]. Lorsque la puissance diminue, le taux de vapeur moyen varie relativement peu et par conséquent le débit de circulation décroît beaucoup moins vite que le débit de vapeur de la chaudière; cela garantit d'autant mieux le refroidissement des tubes. La circulation est donc relativement plus active à basse puissance; elle s'amorce facilement lors du démarrage de l'installation lorsqu'il y a formation de vapeur. Cela explique la simplicité et la souplesse des chaudières à circulation naturelle. La circulation naturelle présente également un aspect d'autorégulation, elle est d'autant meilleur que :

- la pression de fonctionnement est plus basse,

- la hauteur motrice est plus grande à condition que les pertes de charge ne deviennent pas trop importantes en raison de l'allongement des circuits,

- les sections de passage sont plus grandes, d'où l'intérêt des tubes d'écrans de gros diamètre, jusqu'à 100mm, lorsque la pression est, inférieur à 100 bars, tout en conservant l'épaisseur technologique, minimum d'épaisseur 4 à 5mm usuellement, imposé par les problèmes de soudage d'ailettes et ou par les déformations de tubes,

- la partie de chauffe et située en partie basse des écrans,

- le sous-arrondissement est plus élevé puisqu'il accroît le poids de la colonne froide, pour la même raison, les tubes de descente sont en général extérieurs de la chaudière et non chauffés; s'ils sont intérieurs à la chaudière, on peut les placer dans une zone à faible échange thermique.

3.2 Séparation eau-vapeur

La séparation eau-vapeur nécessite la matérialisation d'un plan d'eau, dans le réservoir supérieure qui permet le dégagement de vapeur et traduit l'équilibre physique entre les deux phases. Il faut donc chercher une séparation complète que possible entre l'eau et la vapeur, pour deux raisons principales :

- favoriser la circulation du mélange eau-vapeur en permettant d'alimenter les circuits descendants de la chaudière avec un fluide de masse volumique maximale, c'est-à-dire une eau pratiquement dépourvue de vapeur ;
- délivrer une vapeur sèche, pratiquement dépourvue d'eau au départ du réservoir supérieur, de façon à préserver le surchauffeur s'il existe, ou le réseau d'utilisation, des inconvénients néfastes du primage.

La figure I.11 montre le principe de séparation eau-vapeur dans le réservoir supérieur. Le générateur de vapeur FCB comporte 27 cyclones de séparation de phase [19]. Ces cyclones comportent intérieurement des aubes hélicoïdales qui, sous l'action du mélange eau-vapeur, y entrant tangentiellement se mettent en rotation donnant naissance à un effet centrifuge séparant les deux phases. L'eau est recueillie dans le compartiment du liquide et la vapeur passe par un système de séparation appelé sécheur où séparateur secondaire.

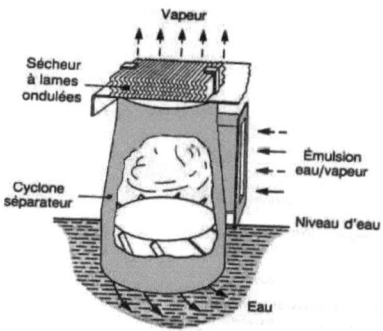

Figure I.11: Dispositif de séparation par centrifugation.

Ces séparateurs sont placés au-dessus des séparateurs primaires formés de tôles ondulées et d'un filtre qui retient les gouttelettes d'eau présentes dans la vapeur. Les séparateurs secondaires enlèvent l'humidité restante de la vapeur et guident la vapeur dans un collecteur menant à la tuyauterie de sortie de vapeur. L'efficacité des dispositifs de séparation ne peut être obtenue que si le niveau d'eau dans le réservoir est correctement réglé. En effet, si le niveau est trop haut et dépasse les dispositifs de mise en rotation des séparateurs centrifuges, ceux-ci ne peuvent assurer leur fonction et la séparation se dégrade; il y a alors entraînement de l'eau dans la vapeur (primage). Par ailleurs, le niveau ne doit pas descendre au-dessous d'un seuil de sécurité, afin qu'il subsiste toujours une garde d'eau permettant d'éviter la création de vortex à l'entrée des tubes de descente et d'assurer avec une sécurité suffisante l'alimentation des écrans vaporisateurs. Le niveau doit donc être maintenu, quelques soient les conditions de fonctionnement, entre deux limites restreintes.

4. Contrôle et régulation du générateur de vapeur

La régulation joue un rôle important dans le fonctionnement et la prévention du générateur de vapeur. Pour arriver à un fonctionnement assez stable, il faut recourir à des chaînes de régulation automatiques qui servent à maintenir la stabilité physique du système. La fonction principale de ces chaînes est avant tout d'assurer le suivie, la surveillance et la maîtrise du système, équipements, matériels, etc. La surveillance du système s'effectue par l'acquisition des mesures sur le site et la transmission de ces mesures jusqu'à la salle de contrôle où elles seront visualisées par l'opérateur. La qualité de la mesure est liée à la qualité du capteur-transmetteur. Les capteurs doivent être régulièrement étalonnés. On vérifie notamment que l'information fournie par le capteur correspond à la mesure effectuée. Cette vérification intervient avec une périodicité d'autant plus fréquente que la mesure est sensible pour la qualité de la production ou pour la sécurité de l'installation. Les principales mesures portent sur la température, le débit, le niveau et la pression. Le choix de type de chaîne de régulation est principalement décidé par le fait que ces systèmes sont soumis à des variations de charge incessantes, importantes et rapides [21]. Il est donc nécessaire que les chaînes de régulation adoptées aient la réponse dynamique la plus élevée.

4.1 Régulation de pression sortie pompe

La pression au refoulement de la pompe est maintenue constante à l'aide d'une soupape de retenue à recirculation automatique installés à chaque sortie de pompe [19]. La sortie principale de la vanne est connectée avec la tuyauterie d'eau d'alimentation de la chaudière. Une sortie secondaire latérale est reliée avec la bâche alimentaire par une ligne by-pass (Fig. I.2). Ce système soustraie automatiquement un débit minimum (by-pass) afin de maintenir la pression statique constante au refoulement des pompes et assurer un débit d'alimentation constant [22]. La figure I.12 montre un schéma représentatif qui décrit le mécanisme de régulation de la pression au refoulement des pompes centrifuges.

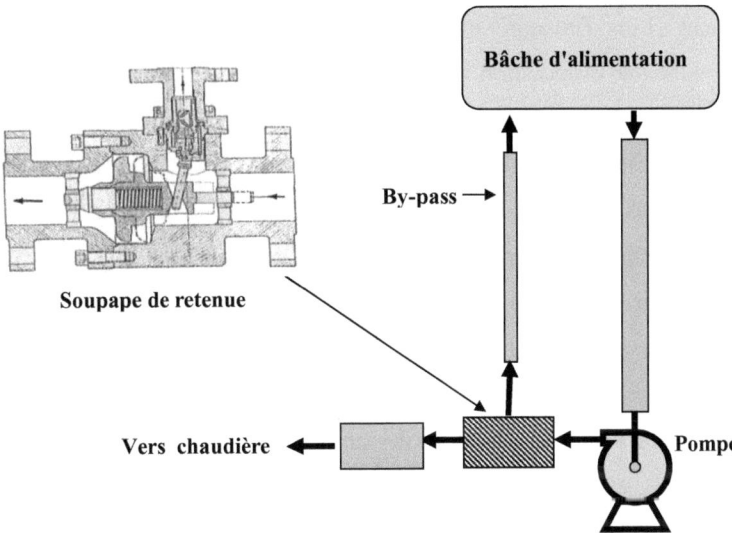

Figure I.12: Mécanisme de régulation de la pression au refoulement de la pompe.

4.2 Régulation de niveau

La régulation de niveau a pour but de maintenir le plan d'eau du ballon supérieur à une position prédéterminée quelle que soit la demande de vapeur en maîtrisant les phénomènes de gonflement et de tassement qui apparaissent avec les variations importantes de la charge. L'existence des deux phases liquide et vapeur pose de difficultés dans le processus de régulation. Les fluctuations du niveau d'eau peuvent être le résultat d'une ou plusieurs des causes suivantes [23]:
- variation dans la pression de vapeur,
- variation soudaine dans la demande de vapeur,

- variation soudaine dans le régime de chauffage,
- extraction par les soupapes de sécurité,...etc.

La principale perturbation du niveau dans le ballon est le débit de consommation de vapeur. De manière naturelle le débit de soutirage vapeur est intégrateur du niveau et donc une augmentation de ce débit provoquera à terme une baisse du niveau ; mais cet effet est occulté dans un premier temps par un phénomène dynamique appelé "gonflement". Lors d'un appel important de vapeur la pression dans le ballon baisse. Ceci provoque une évaporation importante dans la masse d'eau, auto-vaporisation, ce qui occasionne une montée momentanée du niveau alors que la quantité d'eau diminue. Le phénomène inverse s'appelle "tassement" [24]. Le niveau d'eau dans le réservoir est mesuré à l'aide de transmetteur de niveau, reposant sur le principe de la mesure de la différence de pression entre une colonne de référence et la hauteur d'eau dans le réservoir. Le plant d'eau doit toujours se situer au milieu entre deux valeurs limites qui provoques le déclenchement de la chaudière. La régulation à 1-élément, le niveau, est utilisée lors des périodes de démarrage et à 3-éléments, le niveau, le débit vapeur et le débit eau, pour des débits de vapeur élevés (Fig. I.13).

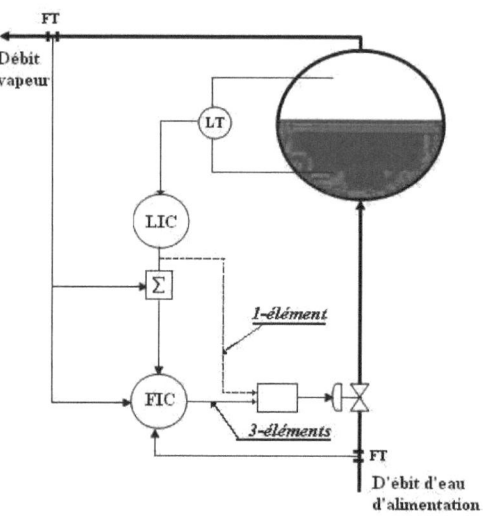

Figure I.13: Régulation de niveau du générateur de vapeur.

Le passage de la régulation de niveau d'un élément à trois éléments se fait lorsque le débit de vapeur devient supérieur à 20%. Le passage de niveau de trois éléments à un élément se fait lorsque la demande d'ouverture de la vanne principale d'alimentation devient faible et que l'on a un débit de vapeur inférieur à 20%. Afin de limiter les conséquences liées au phénomène de gonflement ou inversement pour le phénomène de tassement, la consigne de niveau varie en fonction de la charge [25].

4.3 Régulation de surchauffe

Les tubes de surchauffeur travaillent à une température plus élevée que toute autre partie du générateur de vapeur. Il est donc essentiel de contrôler la température des tubes à partir du contrôle de la température de la vapeur. Le système de régulation de la température de la vapeur est constitué de deux vannes de réglage de débit de vapeur actionnées par un servomoteur de régulation de la température finale à la sortie du surchauffeur secondaire. La première vanne est installée à l'entrée du surchauffeur secondaire et la deuxième vanne est placée dans la ligne de by-pass vers le désurchauffeur. Les deux vannes fonctionnent en opposition grâce à un vérin qui relie les deux vannes. La figure I.14 met en évidence le principe de la régulation de la température de la vapeur surchauffée.

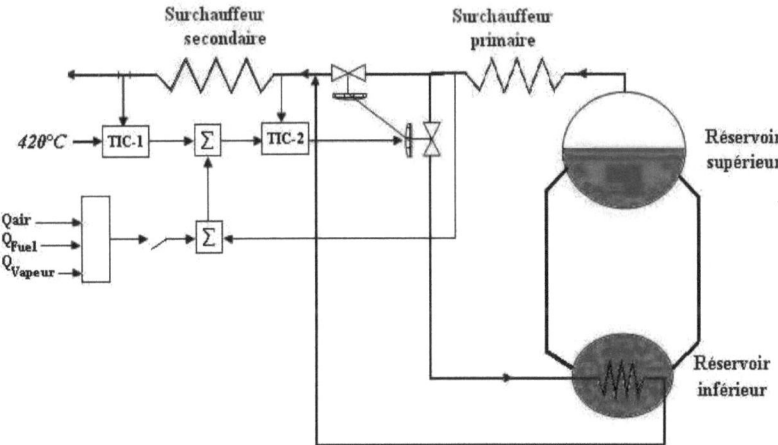

Figure I.14: Régulation de température de la vapeur surchauffée.

La régulation est de forme "Cascade" c'est-à-dire la sortie du régulateur principal TIC-1 agit comme consigne du régulateur esclave TIC-2. En plus, le débit de la vapeur et le débit calorifique du combustible sont combinés dans un bloc de fonction pour produire un signal d'anticipation (feed forward) au régulateur esclave. Le signal de sortie du régulateur esclave est envoyé au servomoteur de régulation de la vanne de désurchauffe [25].

5. Sécurités de la chaudière

La chaudière FCB est protégée par un certain nombre de sécurité qui sont de quatre sortes. Sécurités générales chaufferie, sécurités secondaires chaudière, sécurité principale chaudière et sécurités brûleurs.

5.1 Sécurités générales chaufferie

Par le fait même de la conception des circuits électriques à maintien de tension et du choix du sens d'action des vannes pneumatiques sur les circuits combustibles, ces vannes se positionnent en fermeture dans les cas suivants :

- manque de tension,
- manque d'air comprimé.

5.2 Sécurités secondaires chaudière

Ces sécurités interdisent l'allumage du premier brûleur, mais donnent simplement une alarme sonore et lumineuse en cours de marche de la chaudière. Il s'agit de :

- pression d'air comprimé de régulation insuffisante,
- niveau d'eau haut dans le réservoir,
- niveau d'eau bas dans le réservoir.

Chaque signalisation lumineuse de défaut est traitée et affichée sur un boîtier d'alarme sur l'armoire.

5.3 Sécurité principale chaudière

Ces sécurités interdisent l'allumage et l'arrêtent de la combustion en cours de marche de la chaudière en donnant une alarme sonore et lumineuse. Il s'agit de :
- arrêt du ventilateur de soufflage,
- manque d'eau dans le réservoir,
- pression gaz insuffisante,
- pression gaz trop élevée.

Un défaut quelconque fait refermer les vannes électropneumatiques gaz, ce qui amorce la séquence d'extinction. Le traitement des alarmes est identique à celui des sécurités secondaires. Les sécurités gaz sont à enclenchement manuel, ceci afin d'éviter un ré-allumage consécutif à une extinction sans l'intervention de l'opérateur. En cas de déclenchement par mini ou maxi gaz, il est nécessaire de réarmer les sécurités par le bouton-poussoir installé à cet effet et de recommencer les opérations d'allumage gaz, ceci après avoir refermé les robinets manuels gaz.

5.4 Sécurités brûleurs

Ces sécurités arrêtent la combustion sur le brûleur considéré et donnent une alarme sonore et lumineuse, mais n'entraînent pas l'arrêt total de la chaudière. Il s'agit de :
- discordance entre les conditions définissant un brûleur à l'arrêt,
- discordance entre les conditions définissant un brûleur en fonctionnement,

Un brûleur et considéré à l'arrêt lorsque les conditions suivantes sont remplies :
- vannes électropneumatiques de sectionnement gaz fermées (contrôle par fin de course, contact fermé),
- vannes électropneumatiques d'évent ouvert (contrôle par fin de course contact ouvert),
- vantelles d'air de turbulence fermées (contrôle par fin de course fermeture),

- flamme non détectée,
- ordre d'allumage non donné (relais au repos).

Un brûleur est considéré en fonctionnement lorsque les conditions suivantes sont remplies :

- vannes électropneumatiques de sectionnement gaz ouvertes (contact fin de course ouvert),
- vanne électropneumatiques d'évent fermé, (contact fin de course fermé),
- vantelles d'air de turbulence fermées (contrôle par fin de course ouverture),
- flamme détectée,
- ordre d'allumage donné (relais excité).

6. Opérations à effectuer en cas d'accident

6.1 Manque d'eau

Le maque d'eau est sans doute l'incident le plus sérieux qui puisse survenir. Il peut être provoqué par l'arrêt des pompes d'alimentions, par négligence, par la rupture d'un tube ou encore par une défaillance de la régulation. En règle générale, lorsque le niveau est bas sans qu'on puise le situer, il faut la coupure immédiate des feux. Il y a lieu de remarquer que normalement cette coupure des feux est assurée sans temporisation par la sécurité "manque d'eau". Après cette coupure des feux, il faut aussitôt isoler la chaudière en fermant la vanne de départ vapeur et la purge continue.

6.2 Rupture de tube

Quand il se produit une rupture de tube vaporisateur, le réservoir se vide très rapidement. L'eau d'alimentation si elle est relativement froide, venant directement au contact des tôles du réservoir, peut provoquer des tensions dangereuses à cause de la grande différence de température. Pour ces raisons, il est recommandé d'effectuer les opérations suivantes le plus rapidement possible [19]:

1. Stopper les feux immédiatement,
2. Réduire les ventilateurs de soufflage dés la disparition de la flamme,
3. Couper l'eau d'alimentation de la chaudière,
4. Régler le soufflage pour assurer l'échappement à la cheminée de la vapeur formée dans le foyer,
5. Isoler la chaudière côté vapeur,
6. Réduire progressivement le soufflage, pendant la chute de pression de la chaudière,
7. Laisser en service le soufflage pendant 02 à 03 heures après la chute de la pression effective de la chaudière à zéro.

Lorsque la température du ballon atteint 90°C, la chaudière peut être vidangée. Quand le foyer est suffisamment refroidi on peut commencer les opérations l'inspection et de réparation.

Chapitre II

Présentation du Code de Calcul RELAP5/Mod3.2

1. Introduction

Le code de calcul RELAP5 est un code système d'analyse thermo-hydraulique d'estimation réaliste (*best-estimate*), largement utilisé dans les études de sûreté nucléaire. Il a été développée par l'organe réglementaire de sûreté Nucléaire des Etats-Unis d'Amérique (NRC) conjointement avec le Département d'Énergie des Etats-Unis et la participation de plusieurs pays et organisations qui étaient membres dans "*International Code Assessment and Application Program*" (ICAP) [26,27]. RELAP5 permet la simulation de transitoires thermo-hydrauliques probables dans les installations nucléaires sous une grande variété de conditions accidentelles postulées, tel que la perte de liquide réfrigérant, perte de débit, excursion de puissance ainsi que les transitoires opérationnels et d'autres transitoires postulés. L'utilisation du code RELAP5 consiste à subdiviser l'installation en volumes de contrôle interconnectés par des jonctions d'écoulement. Le code utilise la technique des différences finies semi-implicite pour la résolution numérique des équations unidimensionnelles de conservation de masse, de quantité de mouvement et d'énergie. Pour le fluide en double phase, le code considère un modèle non-homogène avec le déséquilibre thermique et mécanique entre les deux phases. Les équations de conservation de masse et d'énergie sont appliquées à chaque volume de contrôle, alors que les équations de conservation de quantité de mouvement sont appliquées au niveau des jonctions [28]. En plus du modèle hydrodynamique, RELAP5 comporte un modèle de transfert de chaleur et plusieurs modèles de composants tels que : vannes, pompes, turbines, séparateurs et les systèmes de contrôle.

2. Développement du code RELAP

L'histoire du code RELAP a été commencée en 1966 par la série RELAPSE (Reactor Leak And Power Safety Excursion). Les versions suivantes sont RELAP2, RELAP3, et RELAP4, dans lesquels le nom original s'est raccourci à *"Reactor Excursion and Leak Analysis Program"* (RELAP). Toutes ces versions du code sont basées sur un modèle hydrodynamique homogène. RELAP4/Mod7 est la dernière version du code de cette série, développée au Centre National de Logiciels d'Energie

(NESC). En 1976, le développement d'un modèle non-homogène, non-équilibré a été entrepris pour RELAP4. Le résultat de cet effort était le commencement du projet RELAP5. RELAP5/Mod2, établie en 1985, est la première version qui comporte un modèle hydrodynamique à six (06) équations. La 3ème version comporte des améliorations et un prolongement à sa précédente version. Les insuffisances du code de calcul sont identifiées et classifiés par les membres de L'ICAP afin d'apporter les améliorations futures au code. La version 3D est la dernière version de la série RELAP5, elle contient plusieurs améliorations rapportées sur les versions antérieures du code. RELAP5-3D est développé pour permettre à l'utilisateur de simuler plus correctement le comportement de l'écoulement multi-dimensionnel qui peut être exposé dans une ou plusieurs régions d'un système [26,30].

3. Architecture de base du code RELAP5

RELAP5 est conçu d'une façon modulaire en utilisant une structure ordonnée. Les différents modèles et procédures sont isolés dans des sous-programmes séparés. L'architecture du code comprend le bloc de données d'entrées (INPUT), le bloc du calcul stationnaire/transitoire (TRNCTL) et le bloc post-processing (STRIP). Le bloc "INPUT" traite les données d'entrée et initialise les blocs nécessaires à l'exécution du code. Le bloc "TRNCTL" comporte les modules de calcul stationnaire et transitoire du problème. L'état stationnaire est obtenu par l'exécution d'un transitoire accéléré qui assure la convergence des résultats vers des valeurs dont les dérivées temporelles approchent zéro. Les résultats de simulation sont extraites du bloc "STRIP" afin d'être exploités par les logiciels de graphisme. La structure de base du code RELAP5 est donnée sur la figure II.1.

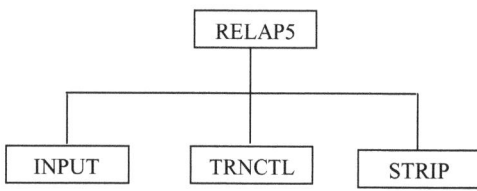

Figure II.1: Structure de base du code RELAP5.

3.1 Calcul stationnaire

L'option stationnaire est similaire à l'option transitoire. Elle comporte, en sus, des algorithmes de test de convergence vers l'état stationnaire. Les pressions, les densités et les débits s'ajustent rapidement, néanmoins les effets thermiques évoluent plus lentement. Une technique transitoire accélérée est employée pour assurer la convergence rapide vers l'état stationnaire. En effet, la conduction thermique est accélérée artificiellement en réduisant la capacité thermique des structures métalliques. Toutefois dans notre cas, le calcul stationnaire est effectué de la même manière que le calcul transitoire. Ainsi il constitue un transitoire fictif dont la durée d'exécution est tributaire des conditions initiales et aux limites introduites à l'Input.

3.2 Calcul transitoire

Le calcul transitoire est caractérisé par la variation temporelle d'une ou plusieurs variables liées au problème étudié. La variation peut être engendrée par les conditions aux limites imposées par l'utilisateur ou le résultat d'une action générée par l'ouverture d'une brèche, arrêt d'une pompe, fermeture d'une vanne,… etc. Généralement, le régime transitoire doit être précédé par un état stationnaire bien établi. La figure II.2 montre la structure modulaire pour le calcul transitoire.

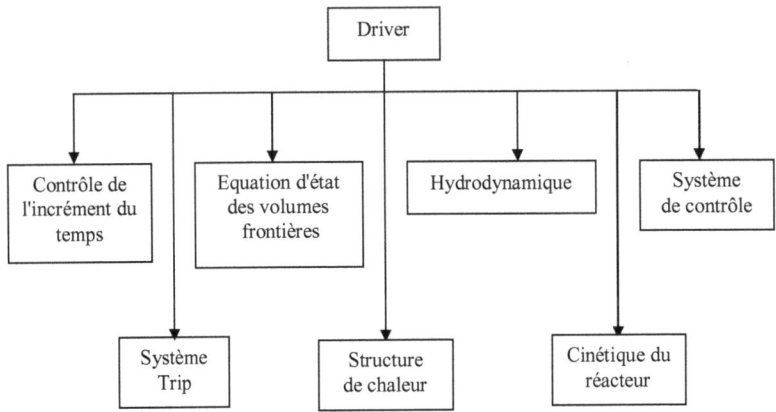

Figure II.2: Structure modulaire du code RELAP5 pour le calcul transitoire.

4. Modèle hydrodynamique

Les équations de mouvement à deux phases sont employées comme base pour le modèle hydrodynamique du code RELAP5 et sont formulées par des paramètres moyennés sur le volume et le temps. Les phénomènes qui dépendent des gradients transversaux, tel que le frottement et le transfert thermique, sont formulés en termes de propriétés moyennes du volume par l'utilisation de corrélations empiriques. Les gaz non-condensables sont supposés être en équilibre thermique et mécanique avec la phase vapeur, en considérant que toutes les propriétés de la phase gazeuse sont des propriétés du mélange vapeur/gaz. Le modèle hydrodynamique du code RELAP5 comporte plusieurs options pour faire appel à des modèles hydrodynamiques plus simples. Ceux-ci incluent l'écoulement homogène, l'équilibre thermique et l'écoulement sans frottement. Ces options peuvent être utilisées indépendamment ou en combinaison.

4.1 Système d'équations

Le modèle thermohydraulique du code RELAP5 est un modèle diphasique à déséquilibre thermique et mécanique, basé sur les équations phasiques de continuité, de conservation de quantité de mouvement et d'énergie interne [26]. Ce modèle donc décrie le déséquilibre thermodynamique entre les deux phases de l'écoulement. La forme différentielle du champ d'équations transitoires unidimensionnelles est présentée pour un composant du modèle. Dans ce modèle, seulement deux relations d'interphase sont utilisées, le transfert de masse à l'interface (liquide/vapeur) et le frottement à l'interface.

4.1.1 Equations de conservation de masse

Les équations phasiques de continuité sont :

$$\frac{\partial}{\partial t}(\alpha_g \rho_g) + \frac{1}{A}\frac{\partial}{\partial x}(\alpha_g \rho_g V_g A) = \Gamma_g \tag{II.1}$$

$$\frac{\partial}{\partial t}(\alpha_f \rho_f) + \frac{1}{A}\frac{\partial}{\partial x}(\alpha_f \rho_f V_f A) = \Gamma_f \tag{II.2}$$

Avec, $\Gamma_f = -\Gamma_g$

Le modèle hydrodynamique du code RELAP5 suppose que le transfert de masse total est égal à la somme de transfert de masse à l'interface liquide/vapeur (Γ_{ig}) et le transfert de masse au voisinage de la paroi (Γ_w).

$$\Gamma_g = \Gamma_{ig} + \Gamma_w \tag{II.3}$$

4.1.2 Equations de conservation de quantité de mouvement

Les équations phasiques de quantité de mouvement sont :

$$\alpha_g \rho_g \frac{\partial v_g}{\partial t} + \frac{1}{2}\alpha_g \rho_g A \frac{\partial v_g^2}{\partial x} = -\alpha_g A \frac{\partial P}{\partial x} + \alpha_g \rho_g B_x A - (\alpha_g \rho_g A)FWG(v_g) + \Gamma_g A(v_{gI} - v_g)$$
$$- (\alpha_g \rho_g A)FIG(v_g - v_f) - C\alpha_g \alpha_f \rho_m A \left[\frac{\partial (v_g - v_f)}{\partial t} + v_f \frac{\partial v_g}{\partial x} - v_g \frac{\partial v_f}{\partial x} \right] \tag{II.4}$$

$$\alpha_f \rho_f \frac{\partial v_f}{\partial t} + \frac{1}{2}\alpha_f \rho_f A \frac{\partial v_f^2}{\partial x} = -\alpha_f A \frac{\partial P}{\partial x} + \alpha_f \rho_f B_x A - (\alpha_f \rho_f A)FWF(v_f) - \Gamma_f A(v_{fI} - v_f)$$
$$- (\alpha_f \rho_f A)FIF(v_f - v_g) - C\alpha_f \alpha_g \rho_m A \left[\frac{\partial (v_f - v_g)}{\partial t} + v_g \frac{\partial v_f}{\partial x} - v_f \frac{\partial v_g}{\partial x} \right] \tag{II.5}$$

A, est la section d'écoulement. C, est le coefficient de la masse virtuelle. FIG et FIF sont les coefficients de frottement à la paroi. Les termes v_f et v_g sont les vitesses des deux phases, liquide et vapeur. FWG et FWF, coefficients de frottement aux parois. Bx, le frottement à l'interface suivant la direction des x. α_f et α_g, respectivement, la fraction volumique des phases liquide et vapeur. ρ_f et ρ_g représentent les densités phasiques liquide et vapeur. Les termes de forces à droite des équations (3) et (4) représentent les forces de pression, les forces de volume, les forces de frottement aux parois, le transfert de quantité de mouvement dû au transfert de masse, frottement à l'interface (drag force) et force dûe à la masse virtuelle. La vitesse d'apparition ou de disparition d'une des deux phases est représentée par v_{fi} et v_{gi} dans les termes de transfert de la quantité de mouvement à l'interface liquide-vapeur. La conservation de la quantité de mouvement à l'interface liquide-vapeur exige que la somme des termes de transfert de masse et de quantité de mouvement soit nulle :

$$\Gamma_g A v_{gI} - (\alpha_g \rho_g A) FIG(v_g - v_f) - C\alpha_g \alpha_f \rho_m A \left[\frac{\partial(v_g - v_f)}{\partial t}\right]$$
$$-\Gamma_f A v_{fI} - (\alpha_f \rho_f A) FIF(v_f - v_g) - C\alpha_f \alpha_g \rho_m A \left[\frac{\partial(v_f - v_g)}{\partial t}\right] = 0 \tag{II.6}$$

Suppositions simplificatrices :

- les contraintes de Reynolds sont négligées,
- les pressions phasiques sont égales,
- les pressions phasiques égales aux pressions d'interface,
- la quantité de mouvement emmagasinée à l'interface est négligée,
- les contraintes visqueuses phasiques sont négligées,
- $v_{gI} = v_{fI} = v_I$
- $\alpha_g \rho_g FIG = \alpha_f \rho_f FIF = \alpha_g \alpha_f \rho_g \rho_f FI$

4.1.3 Equations de conservation d'énergie

Les équations phasiques d'énergie :

$$\frac{\partial}{\partial t}(\alpha_g \rho_g U_g) + \frac{1}{A}\frac{\partial}{\partial x}(\alpha_g \rho_g U_g v_g A) = -P\frac{\partial \alpha_g}{\partial x} - \frac{P}{A}\frac{\partial}{\partial x}(\alpha_g v_g A)$$
$$+ Q_{wg} + Q_{ig} + \Gamma_{ig} h_g^* + \Gamma_w h_g' + DISS_g \tag{II.7}$$

$$\frac{\partial}{\partial t}(\alpha_f \rho_f U_f) + \frac{1}{A}\frac{\partial}{\partial x}(\alpha_f \rho_f U_f v_f A) = -P\frac{\partial \alpha_f}{\partial x} - \frac{P}{A}\frac{\partial}{\partial x}(\alpha_f v_f A)$$
$$+ Q_{wf} + Q_{if} - \Gamma_{ig} h_f^* - \Gamma_w h_f' + DISS_f \tag{II.8}$$

Les termes Q_{wg} et Q_{wf} sont respectivement, les quantités de chaleur transférées de la paroi vers les phases liquide et vapeur. La quantité d'énergie totale transférée entre la paroi et le volume de contrôle est donnée sous la forme :

$$Q = Q_{wg} + Q_{wf} \tag{II.9}$$

h_g^* et h_f^* sont les enthalpies phasiques associées au transfert de masse à l'interface liquide-vapeur. h_g' et h_f' sont les enthalpies phasiques associées au transfert de masse à l'interface paroi-fluide. Les termes de dissipation d'énergie, $DISS_g$ et $DISS_f$ sont la somme de l'effet de frottement aux parois et l'effet de pompage. Les effets de dissipation dûe au transfert de masse à l'interface, aux frottements à l'interface et à la masse virtuelle sont négligés.

Suppositions simplificatrices :

- le flux de chaleur de Reynolds est négligé,
- l'énergie emmagasinée à l'interface est négligée,
- le travail effectué par les forces visqueuses produites par la dilatation du fluide dans la direction d'écoulement est négligé.

5. Modèles constitutifs

5.1 Modèle de transfert de chaleur

Le modèle de transfert de chaleur du code RELAP5 divise le transfert thermique entre les deux phases, liquide et vapeur (figure II.3). Le flux de chaleur total (q") prend l'expression:

$$q" = h_g(T_W - T_{refg}) + h_f(T_W - T_{reff}) \qquad (II.10)$$

h_g : coefficient de transfert thermique vers la vapeur.

h_f : coefficient de transfert thermique vers le liquide.

T_W : température de la paroi.

$T_{réfg}$: température de référence de la vapeur.

$T_{réf}f$: température de référence du liquide.

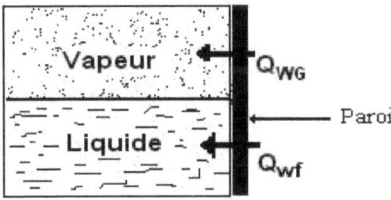

Figure II.3: Processus de transfert de chaleur.

La température de référence peut être la température locale du liquide, de la vapeur ou la température de saturation tout dépend de la corrélation de transfert thermique utilisée. La température de la paroi est calculée implicitement, et la température de référence peut être variable durant le calcul. Le transfert de chaleur par condensation, avec la prise en compte des effets des gaz non-condensables, est modélisé. La figure II.4 représente la courbe d'ébullition utilisée par le code RELAP5 pour la sélection des corrélations de transfert thermique appropriées pour le calcul de flux de chaleur. Le transfert thermique paroi-fluide est subdivisé en trois régimes : région de condensation, région de convection et région d'ébullition.

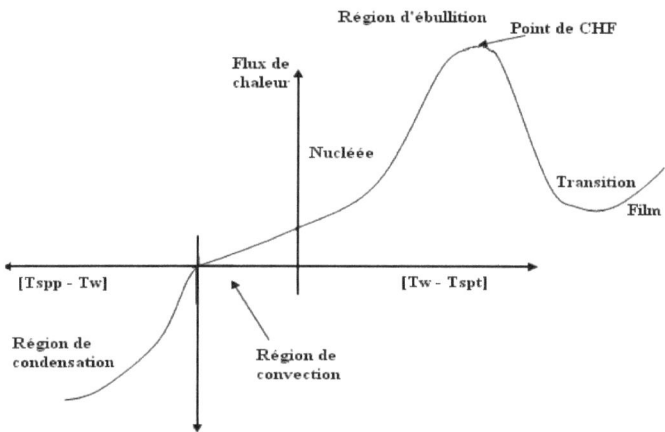

Figure II.4: Courbe d'ébullition et de condensation.

5.1.1 Logique de sélection des modes de transfert de chaleur

Les modes de transfert de chaleur implémentés dans le code RELAP5/Mod3.2 sont indiqués par des nombres de 0 à 11 (Fig. II.5). Chaque nombre désigne un régime de transfert thermique entre la paroi (structure de chaleur) et le volume hydrodynamique.

Mode 0 : Convection avec un mélange noncondensable vapeur-liquide.

Mode 1 : Convection à la pression supercritique ou à une paroi surchauffée avec un flux de chaleur négatif dû à un gaz surchauffé.

Mode 2 : Convection simple phase liquide à la pression sous-critique, paroi sous-chauffée avec un faible taux de vapeur.

Mode 3 : Ebullition nucléée sous-saturée.

Mode 4 : Ebullition nucléée saturée.

Mode 5 : Ebullition en transition sous-saturée.

Mode 6 : Ebullition en transition saturée.

Mode 7 : Ebullition par film sous-saturée.

Mode 8 : Ebullition par film saturée.

Mode 9 : Convection simple phase vapeur ou diphasique supercritique.

Mode 10: Condensation lorsque le taux de vide est inférieur à 1.

Mode 11: Condensation lorsque le taux de vide est égal à 1.

5.1.2 Organigramme de base du code RELAP5

La figure II.5 montre l'organigramme adopté par le code RELAP5 pour la sélection du mode de transfert thermique approprié. Le coefficient de transfert de chaleur est déterminé dans l'un des cinq (05) sous-programmes : DITTUS, PREDNB, PREBUN, PSTDNB et CONDEN. Le sous-programme CONDEN donne le coefficient de transfert thermique lorsque la température de la paroi est inférieure à la température de saturation à la pression partielle de la vapeur. DITTUS est appliqué pour la condition simple phase liquide ou vapeur. PREDNB comporte les corrélations de l'ébullition nucléée pour toutes les surfaces sauf pour un faisceau horizontal. Le sous-programme PREBUN est utilisé pour un écoulement à l'extérieur d'un faisceau horizontal. PSTDNB possède les corrélations de l'ébullition en transition et en film. Le sous-programme CHFCAL détermine le flux critique pour toute surface par l'exploitation de table préétablie (lookup table method). SUBOIL donne le taux de vapeur généré dans le liquide surchauffé au voisinage de la paroi surchauffée.

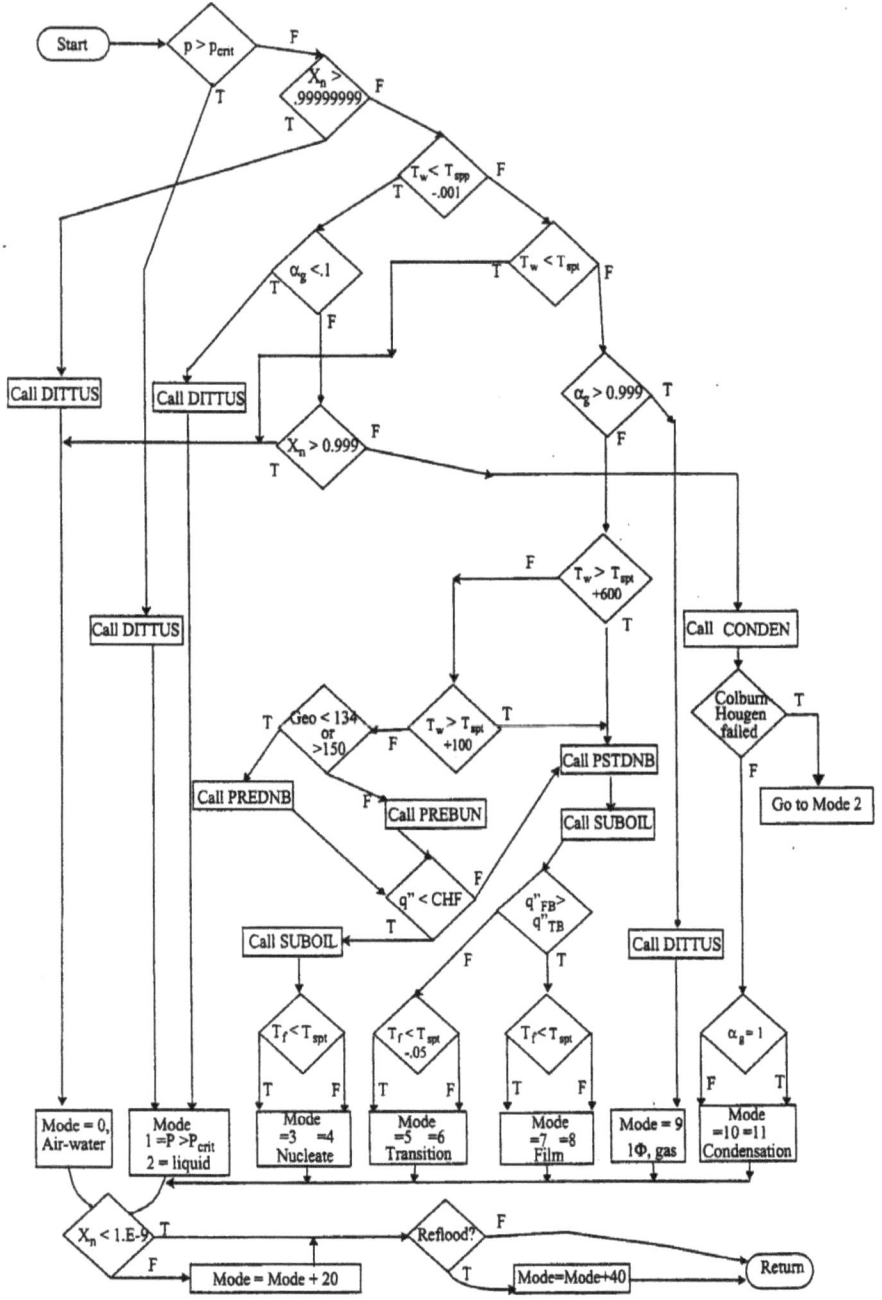

Figure II.5: Organigramme de base de transfert thermique adopté par RELAP5 [26].

5.2 Modèles de base de transfert de chaleur

Les corrélations de transfert de chaleur utilisées par le code RELAP5 sont principalement basées sur l'écoulement stationnaire établi à l'intérieur des tubes. Les effets d'entrées ne sont pas pris en considération, sauf pour le calcul du CHF. D'autres géométries sont incluses au modèle : plaques parallèles et verticales, faisceau tubulaire vertical et horizontal et plaque plan horizontale. La géométrie du volume fluide au voisinage de la paroi est un facteur très important dans l'estimation correcte du coefficient de transfert thermique. Le champ d'écoulement autour de la paroi influe sur le profil de vitesse et la turbulence. Le modèle de transfert thermique du code RELAP5 comporte une codification spécifique pour chaque géométrie de l'écoulement. Le tableau II.1 regroupe les corrélations de transfert thermique.

Tableau II.1: Modes de transfert de chaleur

Mode	Phénomène de transfert thermique	Corrélations utilisées
0	Non-condensable-vapeur-eau	Kays, Ditus-Boleter, ESDU[a], Shah, Churchill-Chu, McAdams
1	Supercritique ou simple phase-liquide	
2	Simple phase-liquide ou paroi surchauffée avec $\alpha_g < 0.1$	
3	Ebullition nucléée sous-saturée	Chen
4	Ebullition nucléée saturée	
5	Ebullition en transition sous-saturée	Chen-Sundaram-Ozkaynak
6	Ebullition saturée en transition	
7	Ebullition en film sous-saturée	Bromley, Sun-Gonzales-Tien, et les corrélations du mode 0
8	Ebullition en film saturée	
9	Ecoulement diphasé supercritique ou simple phase gaz	Idem que celle du mode 0
10	Condensation par film	Nusselt, Shah, Colburn-Hougen
11	Condensation dans la vapeur	
3, 4	Ebullition nucléée (pour un faisceau horizontal)	Forster-Zuber, Polley-Ralston-Grant, ESDU[a]

[a] *ESDU (Enginering Science Data Unit, 73031, Nov. 1973; ESDU International Plc, 27, Corsham Street, London, N1 6UA).*

5.2.1 Modèle de convection

Le sous-programme DITUS calcul le coefficient de transfert de chaleur d'un écoulement monophasique et du mélange non-condensable. Le modèle inclut des corrélations pour la turbulence forcée, laminaire et libre. Le coefficient de transfert thermique est calculé par:

$$\text{Nu} = \max(Nu_{Forcé}, Nu_{Libre}) \tag{II.11}$$

a) Convection en régime turbulent : la corrélation de Dittus-Boelter est dérivée pour un écoulement turbulent dans un tube à parois lisses sous la forme :

$$\text{Nu}_L = C \, R_e^{0.8} \, \text{Pr}^n \tag{II.12}$$

C = 0.023 pour des configurations standards tels que: un tube vertical, horizontal ou hélicoïdal. Pour le cas d'un faisceau vertical, le coefficient de Dittus-Boelter prend la valeur, C = 0.023 P/D. Avec, P le pas de tube et D, le diamètre hydraulique. L'exposant n peut prendre la valeur 0.4 ou 0.3 selon le sens du flux de chaleur à l'interface paroi-fluide.

b) Convection forcée laminaire : le modèle est une solution exacte pour un écoulement laminaire développé dans un canal circulaire chauffé d'une manière uniforme et avec des propriétés physiques constantes. Le modèle est développé par Sellars, Tribus et Klein.

$$\text{Nu} = 4.36 \tag{II.13}$$

c) Convection naturelle : pour la convection libre, le modèle repose sur deux corrélations liées à la configuration de l'écoulement. Lorsque le volume de fluide connecté aux structures de chaleur est vertical, la corrélation de Churchill et Chu est utilisée. Pour un volume horizontal, la corrélation de McAdams est applicable pour un nombre de Rayleigh compris entre 10^5 et 10^{10}.

$$\text{Nu}_L = 0.27 R a_L^{0.25} \tag{II.14}$$

La corrélation de Churchill-Chu est développée pour un volume vertical, elle prend la forme :

$$\mathrm{Nu}_L = 0.825 + \frac{0.387(Ra_L)^{\frac{1}{6}}}{\left[1+\left(\frac{0.492}{\mathrm{Pr}}\right)^{\frac{9}{16}}\right]^{\frac{8}{27}}} \qquad (\mathrm{II}.15)$$

Pour un faisceau tubulaire horizontal, la corrélation (II.15) prend la forme :

$$\mathrm{Nu}_L = 0.6 + \frac{0.387(Ra_L)^{\frac{1}{6}}}{\left[1+\left(\frac{0.559}{\mathrm{Pr}}\right)^{\frac{9}{16}}\right]^{\frac{8}{27}}} \qquad (\mathrm{II}.16)$$

Cette corrélation est valable pour un nombre de Rayleigh de 10^{-5} à 10^{12}.

5.2.2 Modèle de base de l'ébullition nucléée

a) Ebullition nucléée saturée: la corrélation de l'ébullition nucléée proposée par Chen comporte un terme de convection macroscopique et un terme d'ébullition microscopique.

$$q'' = h_{mac}(T_W - T_{spt})F + h_{mic}(T_W - T_{spt})S \qquad (\mathrm{II}.17)$$

Chen propose de multiplier la corrélation de Dittus-Boelter par un facteur de Reynolds F, pour le terme convectif et la corrélation de Forster-Zuber pour l'ébullition nucléée par le facteur de suppression S, pour le terme d'ébullition.

$$h_{mic} = 0.00122 \left(\frac{k_f^{0.79} Cp_f^{0.45} \rho_f^{0.49} g^{0.25}}{\sigma^{0.5} \mu_f^{0.29} h_{fg}^{0.24} \rho_g^{0.24}}\right) \Delta T_W^{0.24} \Delta P^{0.75} \qquad (\mathrm{II}.18)$$

$$S = \begin{cases} (1+0.12\,\mathrm{Re}_{tp})^{-1.14} & \mathrm{Re}_{tp} < 32.5 \\ (1+0.42\,\mathrm{Re}_{tp}^{0.78})^{-1.14} & 32.5 \leq \mathrm{Re}_{tp} < 70 \\ 0.0797 & \mathrm{Re}_{tp} > 32.5 \end{cases} \qquad (\mathrm{II}.19)$$

$$\mathrm{Re} = \min(70,\ 10^{-4},\ \mathrm{Re}_f F^{1.25}) \qquad (\mathrm{II}.20)$$

Le terme F est donné en fonction de l'inverse du nombre de Lockhart-Martinelli.

$$F = 2.35(\chi_{tt}^{-1} + 0.213)^{0.736} \qquad (\mathrm{II}.21)$$

$$\chi_{tt}^{-1} = \left(\frac{G_g}{G_f}\right)^{0.9}\left(\frac{\rho_f}{\rho_g}\right)^{0.5}\left(\frac{\mu_g}{\mu_f}\right)^{0.1} \tag{II.22}$$

b) Ebullition nucléée sous-saturée : Le modèle d'ébullition nucléée sous-saturée est développé pour générer les bulles de vapeur dans le liquide surchauffé au voisinage immédiat de la paroi. Le modèle est le même que le modèle de l'ébullition saturée exprimé par l'équation (II.22), avec des modifications apportées par Bjornard et Griffith.

$$F' = \begin{cases} F - 0.2(T_{spt} - T_f)(F-1) & T_{spt} > T_f \geq (T_{spt} - 5) \\ 1 & T_f < (T_{spt} - 5) \end{cases} \tag{II.23}$$

5.2.3 Modèle de l'ébullition de transition

Le flux de chaleur pour le régime d'ébullition de transition ou par film est évalué par le sous-programme PSTDNB. Le modèle de Chen considère que le flux de chaleur pour l'ébullition de transition (q_{tb}) est la somme de deux termes. Le premier terme décrit le transfert thermique à la phase liquide et le second décrit le transfert à la phase vapeur. Le modèle de Chen pour l'ébullition de transition et aussi applicable pour l'écoulement dispersé, lorsque les gouttelettes liquides se trouvent en suspension dans la phase vapeur. Le modèle de Chen est exprimé par :

$$q_{tb} = q_f + hg_g(T_w - T_g)(1 - A_f) \tag{II.24}$$

A_f, est le rapport de la surface mouillée de la paroi et hg_g le coefficient de transfert de chaleur à la phase vapeur déterminé à partir du sous-programme DITTUS.

$$hg_g = 0.0185 \, Re^{0.83} Pr^{1/3} \tag{II.25}$$

5.2.4 Modèle de l'ébullition par film

L'ébullition par film est décrite par des mécanismes de transfert de chaleur qui apparaissent pour plusieurs configurations d'écoulement : annulaire inversé, à bouchon et écoulement dispersé. Les mécanismes de transfert de chaleur paroi-fluide sont : la conduction à travers le film vapeur près de la paroi chauffée, la convection entre la vapeur et les gouttelettes liquides ainsi que le rayonnement à travers le film vapeur vers le liquide et les gouttelettes liquide. Le modèle analytique pour les mécanismes de transfert thermique cités constituant le modèle de base du code RELAP5, est décrit ci-dessous :

a) Transfert thermique par conduction : la conduction de chaleur pour un écoulement laminaire d'un tube horizontal vers un fluide stagnant est décrite par l'expression de Bromley :

$$h = 0.425 \left[\frac{g\rho_g k_g^2 (\rho_f - \rho_g) h_{fg}' Cp_g}{L(T_W - T_{spt}) Pr_g} \right]^{0.25} \quad (II.26)$$

Avec :

$$h_{fg}' = h_{fg} + 0.5 Cp_g (T_w - T_{spt}) \quad (II.27)$$

et

$$L = 2\pi \left[\frac{\sigma}{g(\rho_f - \rho_g)} \right]^{0.5} \quad (II.28)$$

La chaleur transmise par conduction vers le film vapeur est donnée par l'expression :

$$hf_{spt} = 0.62 \left[\frac{g\rho_g k_g^2 (\rho_f - \rho_g) h_{fg}' Cp_g}{L(T_W - T_{spt}) Pr_g} \right]^{0.25} M_a \quad (II.29)$$

M_a, est le facteur de la fraction de vapeur. L'effet du liquide sous-saturé est introduit par la formule de Sudo et Murao :

$$hf_{spt} = hf_{spt} \left[1 + 0.025 \max(T_{spt} - T_f), 0.01 \right] \quad (II.30)$$

b) Transfert thermique par convection : Pour l'écoulement annulaire inversé, si le volume liquide se rétrécit, le mécanisme de transfert thermique par convection de la phase vapeur devient prédominant pour un débit d'écoulement significatif. Les corrélations pour la simple phase présentées précédemment forment le modèle de base pour le transfert thermique par convection.

c) Transfert thermique par rayonnement : ce mécanisme est proposé par Sun [26]. L'échange radiatif s'effectue entre le liquide et la vapeur, le liquide et la paroi et entre la vapeur et la paroi. L'aire des surfaces de chacune des phases liquide et vapeur est prise pour être égale à l'aire de surface de la paroi avec un facteur de forme égal à l'unité. Les densités de flux de chaleur radiatives sont données par Sun :

$$q_{wf} = F_{wf} \sigma(T_w^4 - T_{spt}^4)$$
$$q_{wg} = F_{wg} \sigma(T_w^4 - T_g^4) \qquad (II.31)$$
$$q_{gf} = F_{gf} \sigma(T_g^4 - T_{spt}^4)$$

Le liquide est supposé être à la température de saturation qui correspond à la pression totale. σ, c'est la constante de Stéphan-Boltzman, $\sigma = 5.67\,10^{-8}$ W/m²K, et F est le facteur du corps gris défini par les formules ci-dessous :

$$F_{wf} = \frac{1}{R_2(1+\frac{R_3}{R_1}+\frac{R_3}{R_2})} ,$$

$$F_{wg} = \frac{1}{R_1(1+\frac{R_3}{R_1}+\frac{R_3}{R_2})} ,$$

$$F_{gf} = \frac{1}{R_2(1+\frac{R_1}{R_2}+\frac{R_1}{R_3})} .$$

et

$$R_1 = \frac{1-\varepsilon_g}{\varepsilon_g(1-\varepsilon_g\varepsilon_f)}, \quad R_2 = \frac{1-\varepsilon_f}{\varepsilon_g(1-\varepsilon_g\varepsilon_f)}, \quad R_3 = \frac{1}{1-\varepsilon_g\varepsilon_f} + \frac{1-\varepsilon_W}{\varepsilon_W}.$$

avec : $\varepsilon_g = 1 - \exp\left(\frac{3 X_a \alpha_g}{2d}D\right)$, $\varepsilon_f = 1 - \exp\left(\frac{3 X_a \alpha_f}{2d}D\right)$, $\varepsilon_w = 0.7$.

Xa, est l'efficacité d'absorption, le terme d, représente soit le diamètre de la gouttelette liquide soit le diamètre du cylindre liquide caractérisant l'écoulement inversé. Deux expressions sont disponibles. La première donne le diamètre du cylindre liquide qui se trouve au centre de tube de diamètre D.

$$d_{max} = \alpha_f^{0.5} D \qquad (II.32)$$

La deuxième expression calcule le diamètre moyen de la gouttelette en se basant sur le nombre de Weber de 7.5.

$$d_{ave} = \frac{We\ \sigma}{\rho_g (\rho_g - \rho_f)^2} \qquad (II.33)$$

5.2.5 Modèles de flux de chaleur critique

RELAP5/Mod3 utilise la table de flux critique (CHF Lookup table) développée par Groeneveld et al. en 1986. La table est construite à la base d'un tube de 8 mm de diamètre. Pour élargir le champ d'utilisation de cette table, la valeur du CHF_{8mm} est multipliée par huit (08) facteurs pour prendre en considération, la géométrie d'écoulement, le sens d'écoulement et le profile de puissance. Le tableau II.2 donne les facteurs de multiplication utilisés pour l'estimation du flux critique.

$$CHF = CHF_{8mm}. K_1. K_2. K_3. K_4. K_5. K_6. K_7. K_8. \qquad (II.34)$$

Le CHF pour un faisceau de tube horizontal est proposé par Folkin et Goldberg :

$$CHF_{bundle} = CHF_{tube}(1 - 1.175\alpha) \qquad (II.35)$$

Tableau II.2: Facteurs de multiplication.

Ki	Expression
K_1 = facteur hydraulique	$K_1 = \left(\frac{0.008}{D}\right)^{0.33}$ pour D < 0.0016 m $K_1 = \left(\frac{0.008}{0.016}\right)^{0.33}$ pour D > 0.0016 m
K_2 = facteur du faisceau	$K_2 = \min[0.8,\ 0.8 \exp(-0.5 Xe^{0.33})]$ $K_2 = 1.$ pour autres surfaces
K_3 = facteur de grilles l'espacement	$K_3 = 1 + A\exp\left(-B \frac{L_{sp}}{D}\right)$ A= 1.5 $(Kloss)^{0.5}(0.001G)^{0.2}$; B = 0.1

K_4 = facteur de la longueur chauffée	$K_4 = \exp\left\{\left(\dfrac{D}{L}\right)[\exp(2.\text{alp})]\right\}$ $\text{alp} = \dfrac{\text{xlim}}{[\text{xlim} + (1-\text{xlim})]} \dfrac{\rho_g}{\rho_f}$ Xlim=min [1, max (0, Xe)]
K_5 = facteur de la puissance axiale	$K_5 = 1$, pour Xe < 0 $K_5 = q_{local}/q_{bla}$
K_6 = facteur d'écoulement horizontal	$K_6 = 1$, si vertical $K_6 = 0$, si horizontal stratifié $K_6 = 1$, si horizontal à grand débit $K_6 = $ interpolation à débit moyen
K_7 = facteur d'écoulement vertical	*a) pour G < -400 ou G > 100 kg/s-m²*, $K_7 = 1$, *b) pour -50 < G < 10 kg/s-m²* $K_7 = 1-\text{alp}$, pour alp < 0.8 $K_7 = 1 - \text{alp}\dfrac{(0.8 + 0.2\,\text{denr})}{[\text{alp} + (1-\text{alp})\text{denr}]}$ $\text{denr} = \dfrac{\rho_f}{\rho_g}$ pour alp > 0.8 *c) pour 10 < G < 100 kg/s-m² ou -400 < G < -50 kg/s-m²* $K_7 = $ Interpolation
K_8 = facteur de pression or gamme	$K_8 = \dfrac{\text{prop(out)}}{\text{prop(border)}}$, $\text{prop} = \rho_g^{0.5} h_{fg}[\sigma(\rho_f - \rho_g)]^{0.25}$

D= diamètre chauffé, L= distance de l'entrée et le point en question, q_{bla} = flux moyen du début de l'ébullition au point en question, Kloss = coefficient de perte de charge.

5.2.6 Modèles de condensation

Le sous-programme CONDEN contient des corrélations de transfert de chaleur pour la condensation par film liquide laminaire sur une surface inclinée, verticale et à l'intérieur d'un tube horizontal. Le calcul du transfert thermique par condensation est basé sur les conditions suivantes :

1. la température de la paroi est inférieure à la température de saturation.
2. la température du liquide est supérieure à la température de la paroi.
3. le taux de vide est supérieur à 0.1.
4. la pression est inférieure à la pression critique.

La densité de flux de chaleur total est donné par la relation suivante:

$$q_t^{"} = hc(T_W - T_{sppb}) \tag{II.36}$$

h_c, est le coefficient de transfert de chaleur et T_{sppb}, la température de saturation basée sur la pression partielle dans le volume. Théoriquement, le liquide et la vapeur peuvent échanger la chaleur avec la paroi. Le flux de chaleur du liquide vers la paroi est exprimé par :

$$q_f^{"} = hc(T_W - T_f) \tag{II.37}$$

Le flux de chaleur entre la vapeur et la paroi représente donc la différence entre le flux chaleur totale et le flux entre le liquide vers la paroi. Le coefficient de transfert thermique hc du code RELAP5, est le maximum entre le nombre de Nusselt (laminaire) et Sahah (turbulent), hc = max (h_{Sahah}, $h_{Nusselt}$) :

$$h_{Sahah} = h_1(1-X)^{0.8}\left(1 + \frac{3.8}{Z^{0.95}}\right) \tag{II.38}$$

avec :

$$Z = \left(\frac{1}{X} - 1\right)^{0.8}\left(\frac{P}{P_{cri}}\right)^{0.4} \tag{II.39}$$

$$h_1 = 0.023\left(\frac{k_1}{D_h}\right) Re_1^{0.8} Pr_1^{0.4} \tag{II.40}$$

X, le titre massique, h_1, le coefficient de Dittus-Boelter avec la supposition que tout le fluide est à la phase liquide et $Re_1 = G_{tot} D/\mu_f$.

$$h_{Nusselt} = \frac{k_f}{\left(\dfrac{3\mu_f^2 Re_f}{4g\rho_f \Delta\rho}\right)^{1/3}} \tag{II.41}$$

5.3 Modèles de transfert de masse

Le transfert de masse à l'interface est constitué de deux termes, le transfert de masse à l'interface liquide/vapeur (Γ_{ig}) et le transfert de masse à la couche limite au voisinage de la paroi (Γ_w). Le transfert de chaleur et de masse à l'interface dépend du régime d'écoulement.

$$\Gamma_g = -\frac{H_{ig}(T_{sat} - T_g) + H_{if}(T_{sat} - T_f)}{h_g^* - h_f^*} + \Gamma_w \tag{II.42}$$

Γ_g : taux de vapeur totale générée

Γ_w : taux de la vapeur générée à la paroi

H_i : coefficient de transfert de chaleur à l'interface

h^* : enthalpie du liquide réfrigérant

5.3.1 Transfert de masse à la paroi (Γ_w)

- Ebullition sous-saturée et saturée :

$$\Gamma_w = \frac{Q_{wf} - Q_{conv}}{h_{fg}} \tag{II.43}$$

- Ebullition en transition et en film :

$$\Gamma_w = \frac{Q_{wf}}{h_{fg}\left(1 + 0.5 Cp_g \Delta T_{sat}/h_{fg}\right)} \tag{II.44}$$

- Condensation :

$$\Gamma_w = \frac{Q_{wf} - (Q_{wg})_{CONV.}}{h_{fg}\left(1 + 0.375 Cp_g (T_g - T_{sat})/h_{fg}\right)} \tag{II.45}$$

5.3.2 Transfert de masse à l'interface liquide-vapeur

Le transfert de chaleur et de masse à l'interface dépend du régime d'écoulement (à bulles, à bouchons, annulaire, ...) et du processus de transfert de chaleur dû à la dépressurisation, au chauffage et à la condensation.

Tableau II.3: Transfert de masse à l'interface liquide/vapeur.

Processus	Régime d'écoulement	Coefficient de transfert de chaleur
Dépressurisation ($T_F > T_{SAT}$)	à bulles	H_{if} = max (Plesset-Zwick, Lee-Ryley modifiée) $H_{ig} \approx 10^4$ W/m²K
	Annulaire à gouttelettes	$H_{if} \geq 10^6$ W/m²K H_{ig} = convection forcée des gouttelettes liquides
Transfert thermique ($T_F \leq T_{SAT}$)	à bulles	H_{if} = Lahey, Unal modifiée $H_{ig} \approx 10^4$ W/m²K
	Annulaire à gouttelettes	$H_{if} \geq 10^6$ W/m²K H_{ig} = convection forcée des gouttelettes liquides
Condensation	à bulles	H_{if} = Lahey, Unal modifiée $H_{ig} \approx 10^4$ W/m²K
	Annulaire à gouttelettes	H_{if} = corrélation de Brown's pour des gouttelettes liquides dans la vapeur surchauffée et le modèle de condensation par film de Theofanous. $H_{ig} \geq 10^6$ W/m²K
	Atratifié	H_{if} = 10 W/m²K H_{ig} = 10 W/m²K

5.4 Modèle de frottement aux parois

Le modèle de frottement du code RELAP5 est basé sur l'approche du multiplicateur diphasique. Les composants de frottement de chaque phase sont calculés en utilisant la technique de séparation de phase, dérivée par Chisholm à partir du modèle de Lockhart-Martinelli. Le modèle de séparation de phase repose sur la supposition que la chute de pression par frottement est calculée en utilisant la forme quasi-stationnaire de l'équation de quantité de mouvement. A partir des équations phasiques de conservation de quantité de mouvement (II.4 et II.5), le coefficient de frottement de chaque phase s'écrit sous la forme :

$$\text{FWF}(\alpha_f \rho_f v_f) A = \tau_f p_f = \alpha_f \left(\frac{dp}{dx}\right)\bigg|_{2\Phi} \left(\frac{z^2}{\alpha_g + \alpha_f z^2}\right) A \tag{II.46}$$

et

$$\text{FWG}(\alpha_g \rho_g v_g) A = \tau_g p_g = \alpha_g \left(\frac{dp}{dx}\right)\bigg|_{2\Phi} \left(\frac{1}{\alpha_g + \alpha_f z^2}\right) A \tag{II.47}$$

Avec :

$$z^2 = \frac{\tau_f}{\tau_g} = \frac{\lambda_f(\text{Re}_f)\rho_f v_f^2 \frac{\alpha_{fW}}{\alpha_f}}{\lambda_g(\text{Re}_g)\rho_g v_g^2 \frac{\alpha_{gW}}{\alpha_g}} \tag{II.48}$$

α_{fw} et α_{gw} sont les fractions volumiques de la phase liquide et vapeur.

Le modèle de frottement aux parois est basé sur la configuration d'écoulement du fluide à l'intérieur du volume de contrôle. Le modèle de frottement du code RELAP5 repose sur huit régimes de transfert de chaleur : écoulement à bulles, à bouchons, annulaire-à-brouillard, annulaire inversé, à bouchons inversé et à gouttelettes. Pour le régime de transition, entre pré-CHF et post-CHF, un schéma d'interpolation est appliqué.

5.4.1 Modèle du coefficient de frottement

Le modèle de frottement est basé sur l'abaque de Darcy-Weisbach. Le coefficient de frottement (λ) est calculé à partir des corrélations appropriées pour chaque régime d'écoulement, laminaire ou turbulent.

- pour le régime laminaire, $0 \leq Re \leq 2200$:

$$\lambda_L = \frac{64}{Re\,\Phi_s} \tag{II.49}$$

Φ_s, est le facteur de forme pour une section d'écoulement non circulaire.

- pour le régime de transition, $2200 \leq Re \leq 3000$:

$$\lambda_{L,T} = \left(3.75 - \frac{8250}{Re}\right)\left(\lambda_{T,3000} - \lambda_{L,2200}\right) + \lambda_{L,2200} \tag{II.50}$$

- pour le régime turbulent $Re > 3000$, le coefficient de frottement est calculé par la corrélation de Zigrang-Sylvester et Colebrook-White :

$$\frac{1}{\sqrt{\lambda_T}} = -2\log_{10}\left\{\frac{\varepsilon}{3.7D} + \frac{2.51}{Re}\left[1.14 - 2\log_{10}\left(\frac{\varepsilon}{D} - \frac{21.25}{Re^{0.9}}\right)\right]\right\} \tag{II.51}$$

5.4.2 Effet d'échauffement de la paroi

La variation de la viscosité du fluide au voisinage des parois chauffantes est tenue en compte. Le coefficient de frottement est corrigé par la relation du code VIPRE :

$$\frac{f}{f_{iso}} = 1 + \frac{P_H}{P_W}\left[\left(\frac{\mu_{Wall}}{\mu_{bulk}}\right)^D - 1\right] \tag{II.52}$$

f_{iso} est évalué en considérant les propriétés à la température moyenne du volume fluide. P_H est le périmètre de la paroi chauffé. P_w est le périmètre de la paroi mouillé. μ_{wall} et μ_{bulk} sont respectivement la viscosité du fluide évaluée à la température de la paroi et la viscosité évaluée à la température moyenne du fluide. L'exposant D, est donné par Rosenhow et Hartnett, sa valeur est de 0.50 à 0.58 pour l'écoulement laminaire liquide, -0.012 à 0.25 pour un écoulement turbulent liquide. Pour le gaz, il est de 0.8 à 1.35 pour l'écoulement laminaire et -0.1 pour son écoulement turbulent.

6. Modélisation hydrodynamique

6.1 Caractéristiques hydrodynamiques

RELAP5 comporte plusieurs modèles qui permettent la simulation du fonctionnement de divers composants industriels. Ces modèles incluent les conduites, turbines, vannes, réservoirs, pompes, structures de chaleur, séparateurs de phase, accumulateurs et les systèmes de contrôle et de régulation automatique. La simulation d'un système consiste préalablement à le découper en volumes de contrôle interconnectés par des jonctions d'écoulement. Chaque volume de contrôle est défini ses propriétés géométriques: longueur, section d'écoulement et/ou volume. La longueur représente la distance sur laquelle s'écoule le fluide, la section représente la surface perpendiculaire à la direction de l'écoulement. L'orientation du volume est déterminée selon la valeur des angles azimutal et vertical. La valeur de la vitesse (ou le débit) d'écoulement est considérée de manière algébrique. La rugosité et le diamètre hydraulique sont introduits pour chaque volume et entrent dans le calcul des pertes de charge linéaires par frottement contre les parois. L'introduction des conditions initiales de pression, température et débit pour chaque composant hydrodynamique du modèle est nécessaire pour l'exécution d'un nouveau problème. Le bon choix de ces valeurs est sollicité pour une convergence rapide de l'exécution.

6.2 Principaux composants du code RELAP5

Les blocks de construction du code RELAP5 peuvent être divisés en quatre groupes fondamentaux: thermohydrauliques, structures de chaleur, trips, et variables de contrôle. Le block de calcul thermohydraulique se compose de composants conçus pour simuler le mouvement et l'état du fluide à travers les équipements. Les structures de chaleur sont simulent l'échange de chaleur entre l'élément solide et le fluide. Les trips sont des variables logiques qui permettent de simuler toute action telle que démarrage ou arrêt d'une pompe, ouverture ou fermeture d'une vanne. Les principaux composants thermo-hydrauliques sont regroupés dans le tableau II.4.

Tableau II.4 : Principaux composants hydrodynamiques du code RELAP5 [26].

Composant	Étiquette	Schéma	Définition et champ d'utilisation
Volume simple	SNGLVOL		représente un volume fluide dans le système.
Tube	PIPE		représente un tube dans le système, il peut contenir de 1 à 99 volumes de contrôle.
	ANNULUS		Pipe spéciale, utilisée pour simuler un écoulement annulaire.
Branchement	BRANCH		Représente un branchement (bifurcation, tee, raccord, ...)
	SEPARATR		Forme spéciale du composant *Branch* utilisé pour simuler le séparateur d'un générateur de vapeur.
	TURBINE		Forme spéciale du composant *Branch* utilisé pour simuler la turbine à vapeur.
Jonction simple	SNGLJUN		Conçu pour relier un volume à un autre.
Volume aux conditions thermodynamiques imposées	TMDPVOL		Impose les conditions thermodynamiques aux frontières du système.
Jonction aux conditions hydrodynamiques imposées	TMDPJUN		Relie un composant à un autre et impose le débit de circulation.
Vanne	VALVE		Une jonction spéciale utilisée pour simuler la présence de l'une des vannes suivantes : clapet anti-retour, vanne commandé par un trip, servo-vanne, vanne motorisée et soupape de sûreté.
Pompe	PUMP		Simule la pompe centrifuge.

6.2.1 Single volume

Le composant "Snglvol" (volume simple) est l'unité hydrodynamique de base du code RELAP5. Les données d'entrée décrivent la géométrie et les conditions thermodynamiques du volume. Le modèle hydrodynamique appliqué au branch et à chacun des volumes de contrôle du composant pipe est similaire à celui du "Snglvol".

6.2.2 Time-Dependent Volume

Le composant "Tmdpvol" (*Time-Dependent Volume*) est un volume simple avec des conditions thermodynamiques imposées comme conditions aux limites du système. Il permet d'identifier l'état du fluide en imposant, par exemple, la pression, la température et le titre. Le composant "Tmdpvol" est employé pour spécifier les conditions thermodynamiques du fluide aux endroits d'injection, d'aspiration ou d'équilibre. Dans la simulation globale des installations thermohydrauliques, le composant "Tmdpvol" peut représenter l'atmosphère, une rivière, ou une partie de l'installation. Le terme "Time-Dependent Volume" signifie que les conditions thermodynamiques sont dépendantes du temps. Ce qui n'est plus vrai du fait que la variable indépendante peut être quelconque. Les actions conditionnées peuvent être simulées par des signaux variables ou logiques (Trips). La variation des conditions aux limites peut être simulée par des tables ou des variables de contrôle.

6.2.3 Single Junction

"Sngljun" (*Single Junction*) est une jonction simple qui relie deux volumes de contrôle. Le calcul de la perte de charge singulière au niveau de la jonction prend en compte l'ensemble des pertes dûes au changement de section et d'orientation de l'écoulement. Le code RELAP5 comporte des options spécifiques aux jonctions dites (flags) qui offrent la possibilité de connecter les volumes de contrôle selon plusieurs manières.

6.2.4 Time-Dependent Junction

Le composant "Tmdpjun" *(Time-Dependent Junction)* permet d'imposer un débit dépendant du temps ou d'une variable de contrôle conditionnée par un signal comme pour le cas d'un système d'injection d'eau sous certaines conditions. Ce type de jonction doit être relié à un "Time-Dependent Volume".

6.2.5 Pipe

Le composant "Pipe" est simplement une combinaison d'une série de volumes de contrôle *(Single Volume)* et des jonctions singulières *(Single Junction)*. Les données sur les jonctions internes du Pipe sont introduites avec les cartes de ce composant. Le composant "Annulus" est identique au "Pipe" et permet de simuler l'écoulement annulaire.

6.2.6 Branch

Le composant "Branch" est un modèle conçu pour l'intercommunication des branches du circuit. Il comporte les données du composant "Single-volume" et celles d'un ensemble de jonctions qui lui sont rattachées. Ce modèle est basé sur l'écoulement unidimensionnel approprié pour l'ensemble des types de raccordement.

6.2.7 Separator

Le composant "Separator" est un composant type "Branch" spécifiquement utilisé pour simuler le comportement des séparateurs de vapeur de différents types tels que mécaniques ou électriques. Il est prévu trois jonctions pour ce composant: une jonction d'admission du mélange liquide-vapeur, une jonction de sortie de la vapeur seule et une jonction de la phase liquide séparée.

6.2.8 Pump

Le composant "Pump" du code RELAP5 comporte un volume de contrôle relié avec deux jonctions d'aspiration et de refoulement. Le modèle hydrodynamique de la pompe se traduit par une source d'énergie cinétique qui produit une différence de pression entre l'amont et l'aval de ce composant correspondant à une hauteur manométrique spécifique à la pompe. La hauteur manométrique de la pompe est calculée à partir d'un ensemble de courbes caractéristiques en tenant compte les conditions d'écoulement calculées (pression, température, fraction du vide et débit). Ces courbes caractéristiques fournissent la hauteur manométrique en fonction du débit de pompage et de la vitesse de rotation de l'arbre.

6.2.9 Turbine

Le composant "Turbine" est aussi un composant similaire au composant "Branch". Une turbine à plusieurs étages peut être modélisée en utilisant une combinaison de série des composants Turbine. Chaque composant doit définir deux jonctions. La première doit être la jonction d'admission et la deuxième représente une jonction d'extraction de la vapeur. La jonction normale de sortie de la turbine doit être définie comme faisant partie d'un autre composant. Le composant turbine nécessite des données d'entrée additionnelles (au delà de ceux du composant Branch) pour définir les paramètres géométriques et mécaniques de la partie tournante.

6.2.10 Valves

Le composant 'Valve' est un modèle utilisé pour simuler le comportement de plusieurs types de vannes de contrôle et/ou de régulation d'un système hydrodynamique. Les modèles de vannes du code RELAP5 peuvent être classés en deux catégories : modèle de vannes à fermeture/ouverture instantanée et modèle de vannes à fermeture/ouverture graduelle. Les vannes de la première catégorie sont des vannes à signaux "Trip-Valve" et vannes de contrôle "Chek-Valve" (section 6.2.10.a). Pour ces deux types, la vanne est soit ouverte soit fermée. L'inertie et les effets de la quantité de mouvement ne sont pas tenus en compte. Les vannes de la deuxième catégorie sont les vannes motorisées "Motor-Valve", clapets anti-retour "Inertial Valve" et les vannes de régulation "Servo-Valve". Pour l'ensemble des vannes ce cette catégorie, les équations du modèle correspondant permettent l'estimation de la section d'ouverture variable.

a) Check-Valve : où clapet anti-retour, est un composant hydraulique utilisé pour empêcher le retour de l'écoulement. L'ouverture ou la fermeture du clapet est conditionnée respectivement par la différence de pression (Δp) entre l'amont et l'aval de la vanne. Si Δp est positive la vanne est ouverte. La vanne reste en position d'ouverture jusqu'au moment où la différence de pression devient négative.

b) Trip-Valve : Le composant "Trip-Valve" est employé lorsque l'état de la vanne est actionnée par un signal TRIP (paragraphe : 6.2.11). Si le trip est vrai la vanne est totalement ouverte, lorsque le trip devient faux, la vanne se ferme instantanément. La condition qui définit le trip peut être une variable quelconque, temps, pression, température, débit,... Ce modèle de vanne est très utile dans la simulation des soupapes de sécurité, vannes d'isolation ou une action pour initier un accident tel que la rupture d'un tube.

c) Inertial-Valve: ce composant permet à l'utilisateur de simuler la réponse détaillée de la partie mobile d'un clapet en se basant sur les forces hydrodynamiques appliquées sur l'obturateur du clapet et la force de gravitation.

d) Motor-Valve: ce composant est utilisé pour simuler la variation de la section d'une vanne motorisée dans un intervalle de temps bien défini en fonction de la vitesse du moteur choisie. Une réponse non linéaire de la section de la vanne reste possible par l'utilisation d'une table. Le sens de variation de la vanne est conditionné par deux trips. Le premier actionne l'ouverture de la vanne et le second actionne sa fermeture.

e) Servo-Valve : le composant "Servo-Valve" est le modèle de vanne le plus flexible dans le code RELAP5. Sa section normale d'écoulement est égale à la valeur courante d'un variable de contrôle. Dans ce cas, la position de la vanne est donnée par une variable de contrôle qui elle-même peut être calculée au cours de l'exécution du problème. En effet, une chaîne de régulation peut être introduite par des variables de contrôle pour commander la position de la vanne.

6.2.11 Trips

Le composant "Trip" est un opérateur logique binaire qui peut être vrai (1) ou faux (0). L'état du trip peut être défini à partir des paramètres variables tel que le temps, la température, la pression, le débit ou toute variable de contrôle. RELAP5 utilise deux types "Trips", variable et logique. Le trip variable est employé pour comparer un paramètre calculé par rapport à un autre (ou constante) pour déterminer sont état. Le résultat d'un trip logique est obtenu par la comparaison de deux trips en utilisant les opérateurs logiques.

6.2.12 Control Variable

Les variables de contrôle "Control-Variable" permettent d'effectuer toutes les opérations mathématiques de base tel que la somme, soustraction, division, multiplication, intégrales, dérivées,... L'utilisation des variables de contrôle permet également la modélisation des chaînes de contrôle commande et de régulation tels que la chaîne de régulation de niveau, de la pression et de régulation de la température.

6.2.13 Heat structure

Le composant "Heat Structure" est employé pour représenter les structures métalliques. Chaque structure de chaleur est définie par un coté gauche et un coté droit. Chaque côté d'une structure de chaleur peut être connecté à un ou plusieurs volumes de contrôle. En outre, plus d'une structure de chaleur peuvent être reliées au même volume. Les données d'entrée relatives à la structure de chaleur sont :

- les données géométriques tels que: l'épaisseur, les diamètres (intérieur et extérieur), nombre de volumes et les surfaces d'échange.
- le type de matériau et ses propriétés physiques (capacité et conductivité thermique),
- les conditions aux limites et la distribution des températures des nœuds de la structure métallique.

La distribution des températures dans les structures métalliques est représentée par l'équation générale de conduction de chaleur sous une forme unidimensionnelle, exprimée en cordonnées sphériques, cylindriques ou cartésiennes. La méthode des différences finie implicite est utilisée pour la résolution de l'équation générale de conduction de chaleur. Des corrélations de transfert thermique par convection, ébullition et rayonnement sont utilisées pour le calcul du transfert thermique entre le fluide en circulation et les structures métalliques. La chaleur interne générée (source de chaleur) d'origine électrique, chimique ou nucléaire peut être modélisée par des tables de puissance en fonction du temps. Il est souvent nécessaire de simuler les déperditions atmosphériques, l'isolation et le calorifugeage des tubes. Ces conditions aux limites peuvent être simulées de différentes manières: flux de chaleur imposé, température et coefficient de convection imposés.

Chapitre III

Simulation du générateur de vapeur FCB à l'état stationnaire

1. Introduction

La modélisation d'une installation industrielle tel que le générateur de vapeur FCB, nécessite une connaissance approfondie de tous les composants de l'installation, ainsi que l'ensemble des phénomènes physiques ayant lieu dans le système. La stratégie de modélisation de l'installation pour le code RELAP5 se base sur les étapes suivantes :

1. Préparation des données géométriques, thermo-hydrauliques et techniques, décrivant l'ensemble de l'installation,
2. Découpage du circuit hydrodynamique de l'installation en un ensemble de volumes de contrôles connectés pas des jonctions,
3. Simulation des conditions aux limites de l'installation (pression, température, débit, flux de chaleur échangés).
4. Modélisation des systèmes de contrôle et de régulation,
5. Validation et confrontation des résultats théoriques du code RELAP5/Mod3.2 avec les données d'exploitation disponibles de la chaudière à l'état stationnaire.

La préparation des données d'entrée au code RELAP5 nécessite des efforts considérables dans leur préparation vu la masse importante d'informations requises pour chacun des composants de la chaudière FCB (Economiseur, générateur de vapeur, surchauffeur et désurchauffeur, vannes, pompes, conduites, …etc). Un effort supplémentaire est fourni pour palier au manque de données, souvent inévitable pour ce type de travail. La chaudière FCB peut être subdivisée en trois parties principales :

1. **Le circuit principal d'eau d'alimentation**, représentant le circuit d'alimentation à partir de la bâche d'eau, vers le générateur de vapeur, passant par les pompes alimentaires, l'économiseur et les conduites de liaison.
2. **Le générateur de vapeur,** regroupe les deux réservoirs supérieur et inférieur avec les tubes de vaporisation.

3. **Le circuit principal de vapeur**, englobant les surchauffeurs, le désurchauffeur et les conduites de transport de la vapeur.

L'utilisation du code RELAP5 consiste à subdiviser l'installation en volumes de contrôles interconnectés par des jonctions d'écoulement. Le comportement thermique des structures métalliques constituant le générateur de vapeur à savoir, le stockage d'énergie et le transfert thermique avec les fluides dans le système à été simulé par des structures de chaleur connectées aux tubes vaporisateurs. Les conditions thermohydrauliques à l'entrée et à la sortie de la chaudière représentent respectivement l'état du fluide au condenseur et au barillet. Les densités de chaleur mis en jeux entre les gaz de combustion et les surfaces externes des tubes vaporisateurs sont calculées à partir du bilan énergétique effectué sur les fumées au niveau de chaque échangeur. La modélisation des chaînes de régulation est une étape indispensable dans la simulation thermohydraulique d'un générateur de vapeur. L'installation FCB comporte, la régulation de la pression au refoulement des pompes, la régulation du niveau d'eau dans le réservoir supérieur et la régulation de la température de la vapeur surchauffée. RELAP5 nous offre la possibilité de simuler ces chaînes de contrôle à l'aide des composantes propres au code. Une validation, proprement dite, des résultats théoriques obtenus par le code RELAP5 avec les données pratiques nécessite un important effort d'analyse sur une base expérimentale très étendue [2]. Dans notre cas, on confronte les résultats obtenus par le code RELAP5/Mod3.2 avec les données d'exploitation du générateur de vapeur FCB relatifs aux trois débits de la vapeur produite 18, 23.1 et 70 t/h.

2. Modélisation de la chaudière FCB

La chaudière FCB est modélisée en 270 volumes de contrôle, 285 jonctions et 146 structures de chaleur [1]. Les conditions thermodynamiques aux frontières du système sont imposées par 5 volumes infinis "Time-dependent volume". Les conditions thermodynamiques d'eau d'alimentation au niveau du condenseur sont spécifiées par le composant "Time-Dependent Volume" 100. De même, les conditions thermodynamiques de la vapeur surchauffée produite sont imposées par le composant "Time-Dependent Volume" 500. La figure III.1 exprime le schéma global de découpage de la chaudière pour le codeRELAP/Mod3.2. L'installation FCB est caractérisée par trois principaux circuits: le circuit principal d'eau d'alimentation "Main Feedwater Line", le générateur de vapeur "Steam Generator" et le circuit principal de vapeur "Main Steam Line".

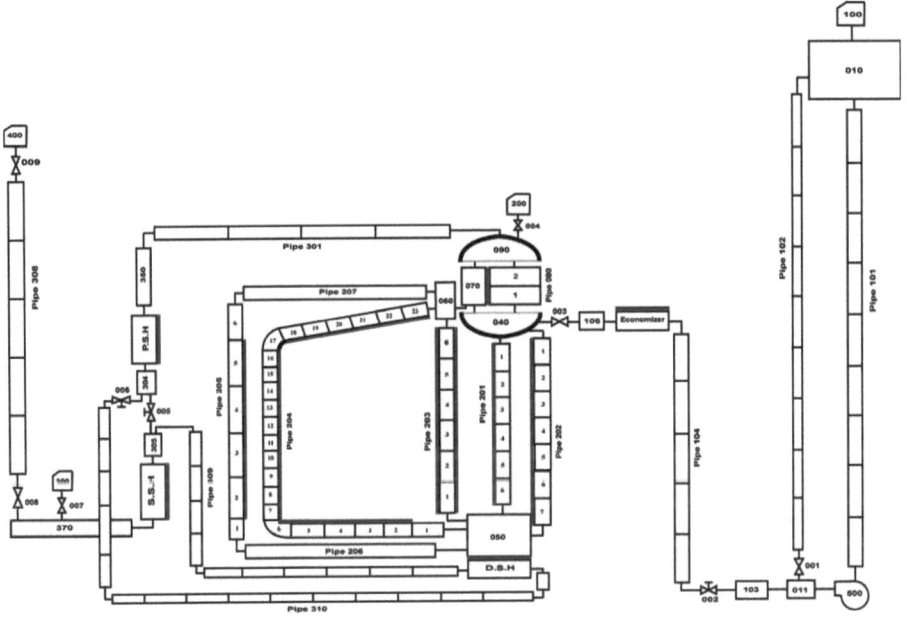

Figure III.1: Schéma de découpage adopté pour la modélisation de la chaudière [1].

2.1 Ligne principale d'eau d'alimentation

La tuyauterie d'eau d'alimentation inclue la bâche d'eau, les pompes d'alimentation, l'économiseur, la tuyauterie principale et les vannes de contrôle et de régulation. La bâche d'eau d'alimentation est modélisée par le composant "Branch" 110. Les deux pompes d'alimentation sont modélisées par les composants "Pumps" 551 et 552. Les courbes caractéristiques de la pompe qui donnent la hauteur manométrique en fonction du débit et de la vitesse angulaire de l'arbre sont introduites pour une pompe similaire d'une boucle d'essai « PIPER ONE » qui existe au sein du département de mécanique énergétique université de Pise-Italie [31]. Une modification de ces courbes a été faite pour introduire la courbe caractéristique de la pompe SULZER-NSG utilisée pour alimenter la chaudière FCB. Cette courbe donne la variation de la hauteur de la pompe en fonction du débit pour une vitesse constante. Le couple de frottement n'est pas pris en considération. Les conduites alimentant le générateur de vapeur sont modélisées par les composants "Pipes" 101, 102, 103, 104, 105, 107, 108, 111, 112, 113 et les composants "Branchs" 151 et 152 (Fig. III.1).

L'économiseur est modélisé en 25 volumes de contrôle, 24 jonctions et 20 structures de chaleur. Le faisceau tubulaire est modélisé avec le composant "Pipe 106". Les collecteurs d'entrée et de sortie sont modélisés respectivement par les composants "Branch's" 020 et 030. La modélisation géométrique de l'économiseur est illustrée sur la figure III.2.

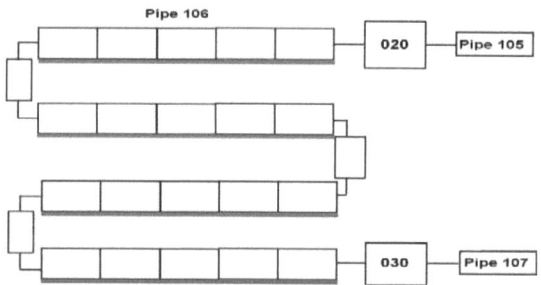

Figure III.2: Modélisation et découpage de l'économiseur.

Le composant "Inertial-Valve" 004 est utilisé pour simuler le clapet anti-retour placé à l'entrée du réservoir supérieur du générateur de vapeur. La tubulure perforée de répartition d'eau d'alimentation est simulée par une jonction qui relie le composant "Pipe" 108 et la partie inférieure du ballon supérieur "Branch" 040 (Fig. III.3).

2.2 Générateur de vapeur

Le générateur de vapeur comporte deux ballons, supérieur et inférieur, reliés par un ensemble de tubes vaporisateurs. Le générateur de vapeur est modélisé en 58 volumes, 59 jonctions et 51 structures de chaleur. Le ballon supérieur du générateur de vapeur est le siège de plusieurs phénomènes physiques; stratification, séparation, condensation, vaporisation, ... etc. Il est donc nécessaire de suivre une stratégie permettant de reproduire ces phénomènes. L'approche adoptée consiste à subdiviser le réservoir en cinq (05) composants "Branches" 040, 060, 070, et 090, et le composant "Pipe" 080. La figure III.3 montre le schéma de découpage du ballon supérieur.

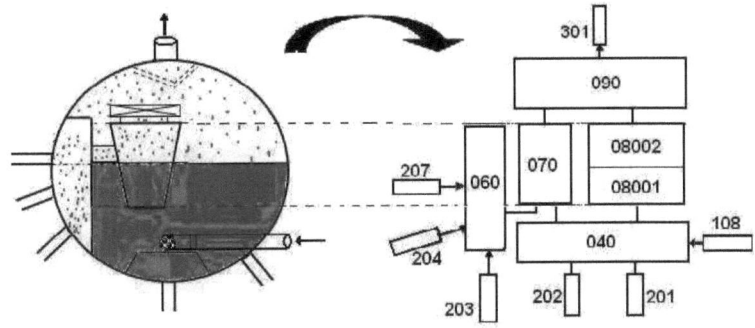

Figure III.3: Approche adoptée pour la modélisation du réservoir supérieur.

Le composant "Pipe" 080 représente l'eau située autour des cyclones de séparation. Les vingt-sept (27) cyclones de séparation installés dans le réservoir sont regroupés par le composant "Separatr" 070. Il est a noté que l'option "Simple Separator" du code RELAP5/Mod3.2 a été choisie pour simuler le mécanisme de séparation eau-vapeur dans le générateur de vapeur. Le collecteur de vapeur, là où débouche le mélange eau-vapeur produit dans les écrans vaporisateur est modélisé par le volume "Branch" 060. Les deux régions situées en dessous et en dessus des cyclones sont respectivement représentées par les volumes "Branchs" 040 et 090. Le ballon inférieur du générateur de vapeur est modélisé par le composant "Branch" 050.

Les écrans tubulaires, le faisceau de convection et les collecteurs, reliant les deux réservoirs, sont simulés par les composants "Pipes" 201 jusqu'à 207. Le composant "Pipe" 201 représente l'ensemble des tubes du faisceau de convection. L'écran latéral côté chambre est modélisé par le composant "Pipe" 204. L'écran avant et l'écran arrière de la chambre sont regroupés par les "Pipes" 205, 206 et 207. L'écran interne, qui sépare la chambre de combustion et la zone de convection, est modélisé par le composant "Pipes" 203. L'écran latéral côté zone de convection est modélisé par le composant "Pipe" 202. Les soupapes de sûreté installées sur le ballon supérieur sont modélisées par les composants "Trip-Valves" 005 et 006 connectées respectivement par les composants "Time-Dependent Volumes" 200 et 300. Les tôles déflectrices, les chicanes et les sécheurs montées dans le ballon supérieur distribuent l'eau uniformément le long du réservoir, séparent la vapeur produite du mélange et enlèvent l'humidité de la vapeur séparée avant qu'elle sorte du ballon [4]. L'effet hydraulique de ces garnitures est modélisé en ajoutant des coefficients appropriés de pertes de charge associés aux jonctions [32]. L'effet thermique des tôles métalliques est tenu en compte en utilisant des structures de chaleur connectées aux volumes de contrôle du réservoir supérieur. Un coefficient de perte de charge considérable est associé à la jonction qui relie le ballon supérieur à la ligne principale de vapeur. Ceci est pour simuler les restrictions d'écoulement de vapeur à cet endroit.

2.3 Ligne principale de vapeur

La vapeur saturée issue du générateur de vapeur se dirige vers le barillet de vapeur en passant par les échangeurs de chaleur à convection, surchauffeurs et désurchauffeur. La ligne principale de vapeur est modélisée par les composants "Pipes" 301 jusqu'à 310, et les composantes "Branches" 304, 306, 350, et 370. Les surchauffeurs, primaire et secondaire (PSH et SSH, Fig. III.1) sont simulées en utilisant 20 volumes, 19 jonctions et 17 structures de chaleur pour chacun. Le désurchauffeur (DSH) est modélisé par 18 volumes, 17 jonctions et 16 structures de chaleur. La modélisation du surchauffeur et du désurchauffeur est montrée sur la figure III.4. La soupape de sûreté installée sur la ligne principale de vapeur est modélisée par le composant "Trip-Valve" 009 connecté au "Time-Dependent Volume" 400. Le clapet anti-retour placé à la sortie du surchauffeur secondaire est modélisé par le composant "Inertial-Valve" 010. La vanne d'isolation de vapeur est modélisée par la vanne motorisée "Motor-Valve" 011.

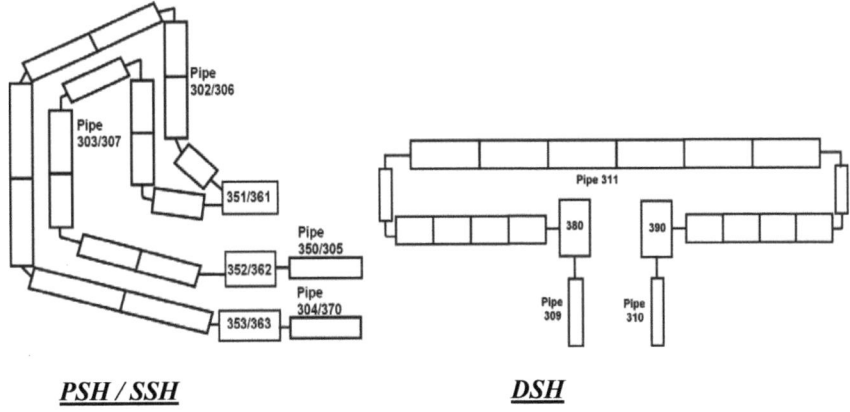

PSH / SSH   **DSH**

Figure III.4: Modélisation et découpage du surchauffeur et du désurchauffeur.

2.4 Modélisation des systèmes de régulation

Les systèmes de régulation dans l'installation FCB comportent la régulation de la pression au refoulement de la pompe, la régulation de niveau d'eau dans le réservoir supérieur et la régulation de la température de la vapeur surchauffée. La chaudière FCB est commandée pour fournir la vapeur surchauffée à une température et une pression désirées. Les systèmes de contrôle et de régulation sont aussi conçus pour maintenir l'équilibre du système pendant le fonctionnement normal et anormal. Les chaînes de régulation de la chaudière FCB sont simulées à l'aide des composants "Feedctl" et "Steamctl". Ce sont des cartes propres au code RELAP5/Mod3.2 utilisées pour la modélisation des chaînes de régulation. "Feedctl" et "Steamctl" sont des régulateurs de type-PI [26]. La carte "Feedctl" est utilisée pour calculer le signal de position de la vanne d'alimentation "Valve 003" (Fig. III.1). La pression au refoulement des pompes est contrôlée par la carte "Steamctl". La carte "Steamctl" est aussi utilisée pour la régulation de la température de la vapeur surchauffée. Le tableau III.1 regroupe les régulateurs PI ainsi que le calcul d'erreur entre les signaux de références et les signaux calculés.

Tableau III.1 : Régulateurs PI du code RELAP5/Mod3.2.

Type de régulation	Régulateur	Calcul d'erreur
Régulation de niveau*	$0.1\left(1+\dfrac{1}{48P}\right)$	$E=\dfrac{0.250-N}{0.250}+\dfrac{m_v-m_f}{21.5}$
Régulation de pression	$0.66\left(1+\dfrac{1}{0.02P}\right)$	$E=\dfrac{55.45e^5-P}{62e^5}$
Régulation de température	$2\left(1+\dfrac{1}{3.2P}\right)$	$E=\dfrac{693.15-Tg}{137.15}$

* La consigne de niveau est 50% de la hauteur totale du séparateur.

2.4.1 Régulation de la pression au refoulement de la pompe

Des clapets anti-retour de recyclage automatiques sont installés à chaque sortie de pompe. Ce système protège les pompes contre la surchauffe interne par le maintien automatique d'un écoulement minimum exigé pour une exploitation de sûreté. C'est un mécanisme qui sert à maintenir constante la pression statique au refoulement des pompes pour assurer un débit constant. Le comportement de ces vannes a été simulé en utilisant les "Servo-Valves" 001 et 002 (Fig. III.1). Le maintien d'une pression de 55.45 bar au refoulement des pompes est effectué par un régulateur PI qui compare la pression moyenne dans le volume de contrôle situé juste à la sortie de chaque pompe, "Branch's" 011 et 012, avec la valeur de consigne (Fig. III.5). Les caractéristiques du régulateur choisi sont données dans le tableau III. 1.

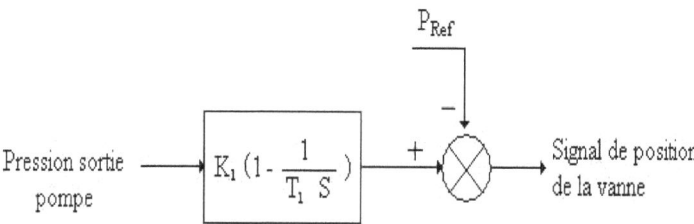

Figure III.5: Chaîne de régulation de la pression au refoulement de la pompe.

2.4.2 Régulation de niveau du générateur de vapeur

Le but de la régulation de niveau est d'apporter le réservoir jusqu'au niveau de consigne et de le maintenir pour la charge de vapeur désirée. Le système de contrôle de niveau d'eau dans le générateur de vapeur règle le niveau d'eau par l'action sur la vanne principale d'alimentation en se basant sur trois éléments: le niveau d'eau du générateur de vapeur, le débit d'eau d'alimentation, et le débit de la vapeur produite [33]. Le composant "Servo-Valve" 003 est employé pour simuler la vanne de commande de niveau d'eau du générateur de vapeur.

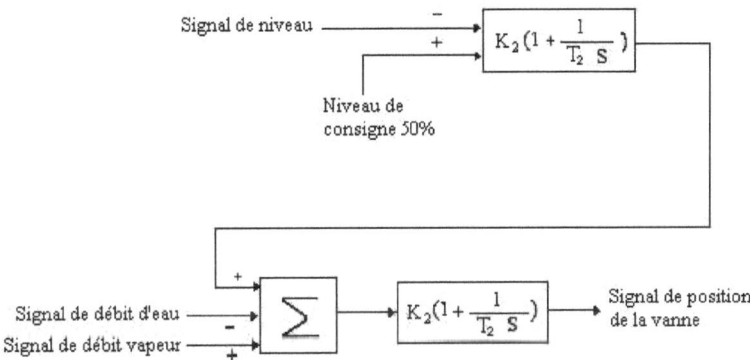

Figure III.6: Schéma fonctionnel du système de régulation de niveau.

2.4.3 Régulation de la température de la vapeur surchauffée

Il s'agit de maintenir constante la température de vapeur surchauffée à la sortie de la chaudière. Le système de régulation de la température de vapeur est modélisé avec deux "Servo-Valves" 007 et 008 (Fig. III.1). La figure III.7 illustre le schéma de régulation adopté pour la régulation de température de la vapeur surchauffée. Le régulateur PI compare la température moyenne de la vapeur à la sortie du surchauffeur secondaire avec la valeur de consigne $T_{réf.}$= 420°C. Le signal généré est appliqué à la vanne de surchauffe, "Servo-Valve" 007. La vanne de désurchauffe, "Servo-Valve" 008, s'ouvre et se ferme inversement à la position de la vanne de surchauffe selon la relation : $S_2 = 1 - S_1$.

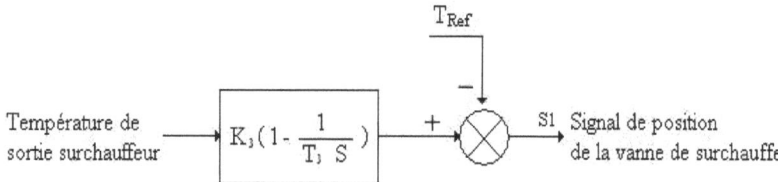

Figure III.7: Schéma fonctionnel de la régulation de surchauffe.

2.5 Modélisation des structures de chaleur

Les structures de chaleur incluses dans le modèle simulent le comportement thermique des structures métalliques constituant la chaudière, à savoir, le stockage d'énergie et le transfert thermique avec les fluides dans le système. La chambre de combustion est représentée par des structures de chaleur reliées avec les "pipes" 203, 204, et 205 (Fig. III.1). Tandis que la zone de convection est représentée par des structures de chaleur connectées aux "Pipes" 201, 202, et 203. Les densités de flux de chaleur échangées entre les gaz chauds et les surfaces externes des tubes sont imposées uniformément sur toute la longueur des tubes. Des tables de densités de flux en fonction du temps sont introduites dans le modèle comme conditions aux frontières, pour simuler l'échange convectif des fumées avec l'économiseur, les surchauffeurs, et le faisceau de convection. L'échange de chaleur par rayonnement dans le foyer est aussi imposé par des tables; densité de flux en fonction du temps.

2.6 Calcul des densités de flux de chaleur imposées

Dans le but de détermination les puissances thermiques échangées entre les gaz chauds de la chambre de combustion et les surfaces externes des échangeurs, économiseur, surchauffeurs et section de convection, on a procédé par le bilan énergétique sur les fumées à l'entrée et à la sortie de chaque échangeur selon la formule suivante:

$$Q = M_{gaz} Cp_{gaz} (T_{out} - T_{inl}) \tag{III.1}$$

Le tableau III.2 regroupe les principaux paramètres techniques de la chaudière FCB pour trois modes de fonctionnement.

Tableau III.2: Caractéristiques de fonctionnement de la chaudière FCB.

Principaux paramètres d'exploitation	Unité	Mode-A	Mode-B	Mode-C
Débit vapeur surchauffée	kg/h	70000	23100	18000
Débit d'air	kg/h	81200	30100	24400
Débit de gaz de combustion	kg/h	4849.3	1578	1232.6
Efficacité	%	92.79	94.02	93.89
Température entrée surchauffeur I	°C	1306	988	916
Température entrée surchauffeur II	°C	984	679	622
Température sortie chaudière	°C	358	282	274
Température sortie économiseur	°C	180	131	126
Puissance totale échangée	MW	54.78	18.11	14.15

En utilisant la surface externe d'échange thermique (S), les densités de flux thermiques sont obtenues par la relation : $q=Q/S$ [1]. Où, Q est la puissance thermique estimée à partir de l'équation III.1. La puissance thermique échangée au niveau de la chambre de combustion est déduite entre la puissance totale de combustion et la somme des puissances échangées avec les échangeurs. La puissance totale de combustion, Q_{Tot}, est calculée par la relation :

$$Q_{Tot} = M_{Fuel}\, PCI + M_{Air}\, Cp_{Air}\, T_{Air} - M_{gaz}\, T_{Gaz} \tag{III.2}$$

La puissance thermique échangée dans la chambre de combustion, Q_{Foyer}, est déduite en utilisant les relations III.1 et III.2 :

$$Q_{Foyer} = Q_{Tot} - (Q_{Econ.} + Q_{Sur-I} + Q_{Sur-II} + Q_{SC}) \tag{III.3}$$

Q_{Econ}, Q_{Sur}, et Q_{SC} représentent respectivement la chaleur transférée à l'économiseur, les surchauffeurs, et à la zone de convection respectivement.

3. Simulation à l'état stationnaire

Avant d'entamer l'analyse transitoire, il est indispensable de vérifier l'établissement de l'état stationnaire dans différents points de l'installation [1,2]. L'état stationnaire est atteint après exécution du code RELAP5/Mod3.2 pendant 1000 secondes. La figure III.8 montre l'évolution temporelle des principaux paramètres du générateur de vapeur; débit, température, niveau et pression. Il est clair que l'état stationnaire est établi et les valeurs de consigne sont atteintes.

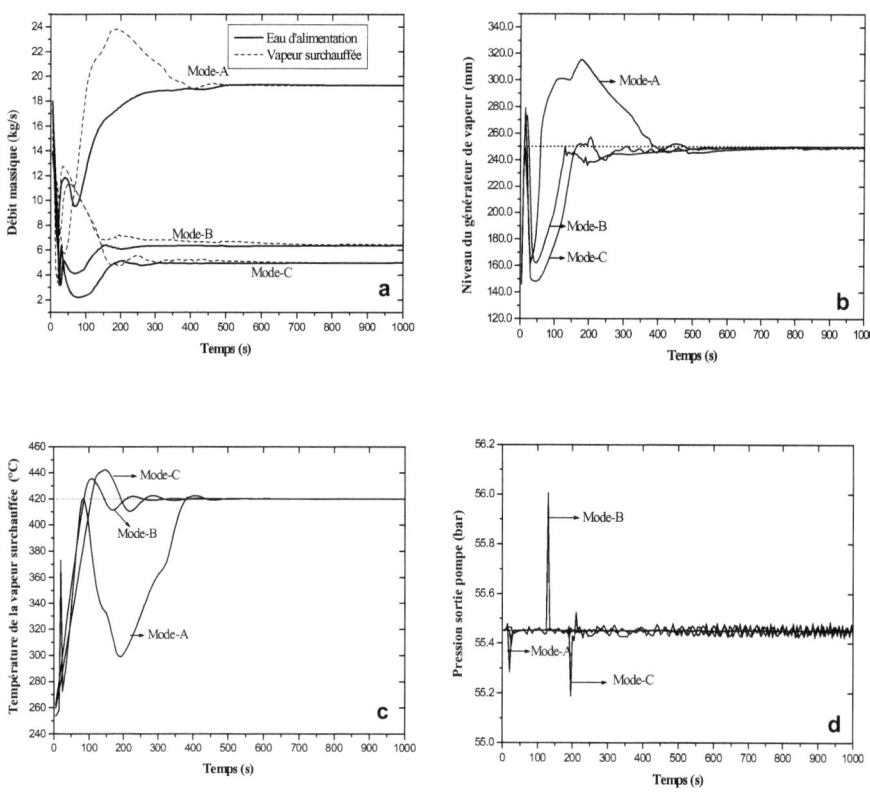

Figure III.8: Principaux paramètres thermohydrauliques lors de l'état stationnaire.

3.1 Etude comparative

Avant d'entamer l'analyse transitoire, il est indispensable de vérifier l'établissement de l'état stationnaire dans différents points de l'installation [1]. L'état stationnaire est atteint en exécutant le code RELAP5 pendant 1000 secondes. Les résultats obtenus par la simulation sont confrontés avec les données d'exploitation du générateur de vapeur à l'état stationnaire (tableau III.3). La comparaison montre que les résultats de la simulation concordent bien avec les données réelles d'exploitation pour les trois modes de fonctionnement étudiés.

Tableau III.3: Comparaison entre les résultats de simulation et les données d'exploitation.

Paramètres d'exploitation de la chaudière FCB	Mode-A		Mode-B		Mode-C	
	Donnée	RELAP5	Donnée	RELAP5	Donnée	RELAP5
Débit eau d'alimentation, Kg/s	19.44	19.27	6.41	6.39	5.0	4.99
Débit vapeur surchauffée, Kg/s	19.44	19.27	6.41	6.39	5.0	4.99
Temp. entrée économiseur, °C	105	106	105	105	105	105
Temp. sortie économiseur, °C	162	165	157	159	158	159
Temp. entrée surchauffeur-I, °C	260	260	256	255	255	255
Temp. sortie surchauffeur-I, °C	352	355	347	353	344	350
Temp. entrée surchauffeur-II, °C	344	339	339	339	341	342
Temp. sortie surchauffeur-II, °C	420	420	420	420	420	420
pression à la bâche d'eau, bar	1.6	1.6	1.6	1.6	1.6	1.6
pression sortie pompe, bar	55.45	55.45	55.45	55.44	55.45	55.46
pression au ballon supérieur, bar	46.5	46.5	43.4	43.4	43.3	43.3
pression sortie chaudière, bar	43	43	43	43	43	43
Niveau d'eau du générateur, mm	250	250	250	250	250	249

3.2 Caractéristiques thermo-hydrauliques du générateur de vapeur

Afin d'examiner le comportement thermohydraulique du fluide dans chaque composant du générateur de vapeur à savoir les réservoirs, le faisceau et les écrans tubulaires, une analyse quantitative des résultats est présentée. Le tableau III.4 regroupe les principaux paramètres thermohydrauliques du générateur de vapeur calculés par le code RELAP5 à l'état stationnaire pour les trois modes de fonctionnement [1]. Il est à noter que la charge (débit vapeur) influe considérablement sur les caractéristiques thermohydrauliques du générateur de vapeur. Le débit massique moyen à l'intérieur des tubes vaporisateurs augmente avec l'augmentation de la charge totale du générateur de vapeur. Le sens d'écoulement dans les pipes 201 et 202, faisceau de convection et écran arrière puit, dépend du mode de fonctionnement. La perte de charge totale à travers les tubes du générateur de vapeur diminue avec l'augmentation de la charge. Ceci est expliqué par la diminution de la densité totale du fluide et donc les forces de pesanteur. Les résultats de la simulation montrent aussi que le taux de la circulation naturelle à l'intérieur du générateur de vapeur varie inversement avec la charge [18].

Tableau III.4: Caractéristiques thermo-hydrauliques du générateur de vapeur.

Paramètres thermohydrauliques	Unité	Mode-A 70 t/h	Mode-B 23.1t/h	Mode-C 18 t/h
Réservoir supérieur (Pipe-080)				
pression	bar	46.52	43.42	43.25
température moyenne	°C	259.45	255.25	255.01
taux de vide	%	47.77	48.76	48.89
Réservoir inférieur (Branch-050)				
pression	bar	46.74	43.69	43.52
température moyenne	°C	258.2	255.53	255.22
taux de vide	%	9.2	1.3	1.0

Faisceau de convection (Pipe-201)				
débit massique d'écoulement	kg/s	-34.77	208.34	153.70
perte de charge	bar	0.1560	0.1958	0.1983
température moyenne de la paroi*	°C	263.4	257.0	256.43
Ecran arrière puit (Pipe-202)				
débit massique d'écoulement	kg/s	172.81	-10.42	36.13
perte de charge	bar	0.2005	0.2383	0.2417
température moyenne de la paroi*	°C	261.66	256.94	256.15
Ecran interne côté foyer (Pipe-203)				
débit massique d'écoulement	kg/s	93.91	109.99	104.70
perte de charge	bar	0.1356	0.1850	0.1916
température moyenne de la paroi* (coté puit)	°C	264.19	257.01	256.41
température moyenne de la paroi* (coté foyer)	°C	273.54	263.08	261.82
Ecran-D du foyer (Pipe-204)				
débit massique d'écoulement	kg/s	43.21	62.01	60.28
perte de charge	bar	0.1585	0.2086	0.2152
température moyenne de la paroi (Vol. 10)	°C	272.63	262.82	261.63
Ecran avant et arrière foyer (Pipe-205)				
débit massique d'écoulement	kg/s	0.86	25.91	24.84
perte de charge	bar	0.1505	0.1827	0.1883
température moyenne de la paroi *	°C	271.77	262.63	261.46
taux de la circulation naturelle	-	7.16	30.97	38.04

Volume 03 du Pipe.

3.3 Analyse thermohydraulique des tubes vaporisateurs de l'écran-D

L'écran-D constitue trois surfaces de la chambre de combustion : le sole, le mur vertical et le toit. Il se compose de 115 tubes à ailettes d'une longueur totale de 7.75m et d'un diamètre intérieur de 55.5mm avec 4mm d'épaisseur. La figure III.9 donne la distribution axiale des paramètres thermohydrauliques de l'écoulement d'eau à l'intérieur de l'écran-D pour les trois modes étudiés. Ces paramètres sont : la température interne de la paroi, le coefficient interne de transfert thermique, la pression, le taux de vide et les vitesses d'écoulement liquide/vapeur. L'analyse des résultats obtenus par le code RELAP5/Mod3.2 concerne seulement les tronçons chauffés du canal, c-à-d le tronçon vertical et incliné (du volume 7 jusqu'à 25, Pipe 204, Fig. III.1). En général on constate que les profils des paramètres d'écoulement sont considérablement influencés par le changement de configuration entre la partie verticale et la partie inclinée [7].

La figure III.9.a, montre le profil de température de la paroi interne du canal pour les trois modes de fonctionnement du générateur de vapeur FCB. Il est évident que l'augmentation de la puissance augmente les températures de la paroi. Les résultats montrent que pour les trois modes de fonctionnement A, B et C, les températures sont approximativement 272.6°C, 262.8°C et 261.6°C.

La variation du coefficient de transfert de chaleur le long du tube pour les trois modes de fonctionnement est montrée sur la figure III.9.b. On observe que le coefficient de transfert thermique dans la partie inclinée est plus important que pour la partie verticale. Ceci est dû principalement au changement de la configuration de l'écoulement diphasique entre la partie verticale et inclinée.

Les profiles de pression le long des tubes vaporisateurs sont exprimés sur la figure III.9.c. L'expérience a montrée que la chute de pression est engendrée par l'effet des singularités, le frottement avec les parois internes, les forces de pesanteur et l'effet du changement de phase [34]. Dans notre cas, la chute de pression le long du canal est contrôlée par l'effet de la gravité, surtout pour la partie verticale [4]. Il faut souligner que l'effet des forces de capillarité est prédominant sur la phase liquide de l'écoulement. Les résultats montrent aussi que la perte totale de pression le long du canal est de 0.16 bar pour le mode-A, pour les modes B et C elle est respectivement de 0.21 et de 0.22 bar.

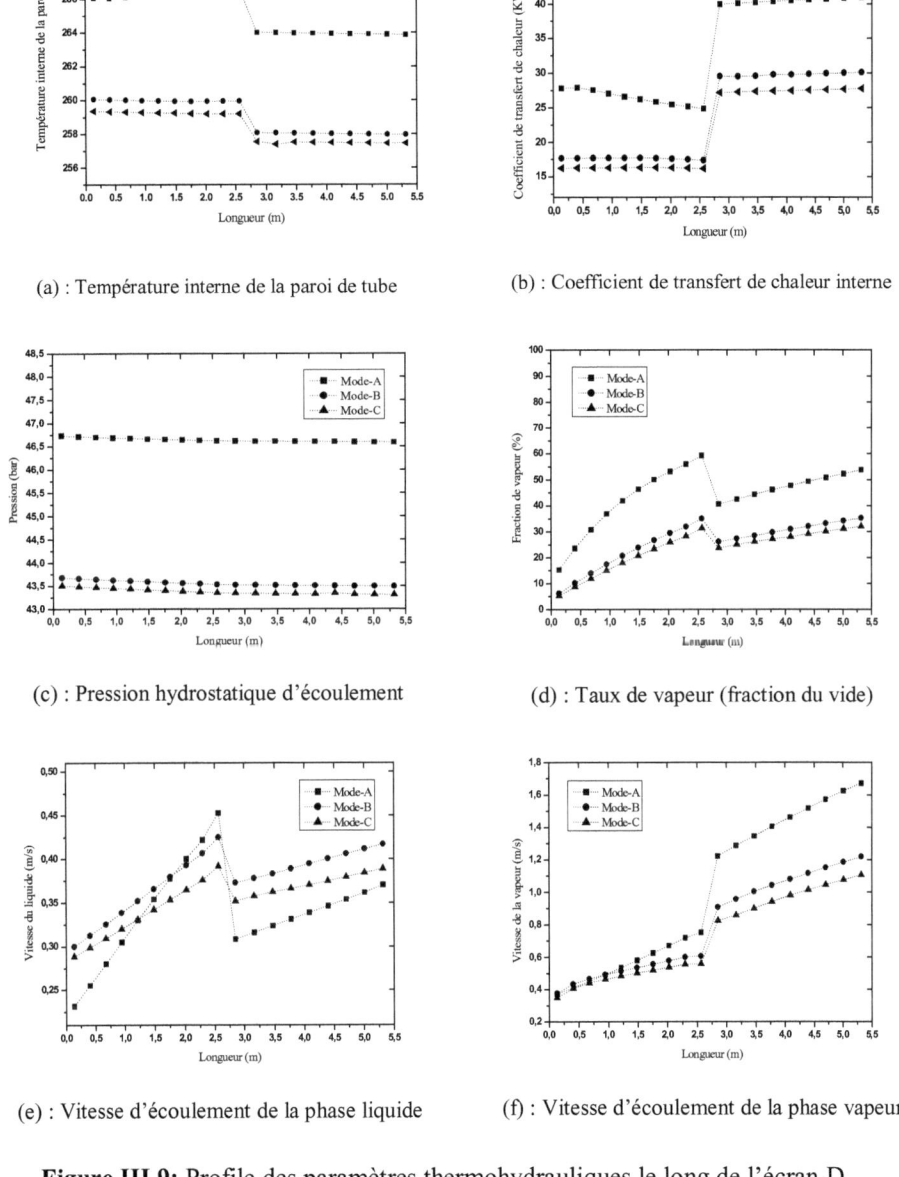

(a) : Température interne de la paroi de tube

(b) : Coefficient de transfert de chaleur interne

(c) : Pression hydrostatique d'écoulement

(d) : Taux de vapeur (fraction du vide)

(e) : Vitesse d'écoulement de la phase liquide

(f) : Vitesse d'écoulement de la phase vapeur

Figure III.9: Profile des paramètres thermohydrauliques le long de l'écran-D, (■) 70 tons/h, (●) 23.1 tons/h, (▲) 18 tons/h.

La figure III.9.d montre que le taux de vide, augmente le long des tubes vaporisateurs. On observe des valeurs plus élevées du taux de vide pour le mode-A comparativement aux modes B et C. Un changement brutal est également observé au niveau du passage de la partie verticale vers la partie inclinée du canal. Ceci est expliqué par le changement de la configuration d'écoulement diphasique de l'écoulement vertical à poche vers l'écoulement horizontal stratifié.

La figure III.9.e montre que la vitesse de la phase liquide augmente le long du canal. De même, la vitesse de la phase vapeur augmente également (Fig. III.9.f). Il est évident que la vitesse de la vapeur est plus significative que la vitesse liquide dans les deux tronçons du canal, verticale et inclinée. A la sortie du canal, la vitesse de vapeur atteint 1.67 m/s et celle de la phase liquide est 0.37 m/s, pour le mode-A. Ceci montre l'effet du déséquilibre mécanique entre les deux phases liquide et vapeur.

L'influence de la courbure des tubes sur les écoulements diphasiques est un problème très connu [35]. L'effet de la courbure du coude impose aux particules du fluide des forces centrifuges qui sont plus dominantes sur la phase liquide que sur la phase vapeur. La phase liquide se dirige vers la paroi externe du canal est la vapeur occupe l'intérieur du canal [34]. Dans le tronçon incliné du canal, l'écoulement devient stratifié, la vapeur occupe la partie supérieure du canal et la phase liquide se déplace à la proximité de la paroi inférieure. Cet effet apparaît clairement dans les figures III.9.d, III.9.f, et explique le changement pointu de la fraction du vapeur et des vitesses liquide-vapeur.

4. Conclusion

L'analyse des résultats de la simulation à l'état stationnaire exprime les points suivants :

- Les résultats du code RELAP5/Mod3.2 concordent bien avec les données d'exploitation du générateur de vapeur FCB pour les trois modes de fonctionnement.

- Les caractéristiques principales de la circulation naturelle dans le système sont mises en évidence. De même, le phénomène d'ébullition est reproduit au niveau des tubes écrans de la chambre de combustion.

- L'augmentation de la charge du générateur de vapeur diminue d'une manière significative la circulation du fluide dans les tubes vaporisateurs.

- La différence entre la vitesse du liquide et celle de la vapeur lors de la circulation naturelle confirme l'existence du déséquilibre mécanique entre les deux phases d'écoulement.

- Les résultats obtenus par la simulation expriment la capacité du code RELAP5 dans l'analyse thermohydraulique des installations thermiques conventionnelles tels que les chaudières à vapeur.

Chapitre IV

Simulation d'un accident de manque d'eau d'alimentation

1. Introduction

Le manque d'eau d'alimentation est considéré comme l'accident de référence pour les installations thermiques équipées avec des générateurs de vapeur [11]. Il peut être provoqué par l'arrêt des pompes alimentaires, la rupture de la tuyauterie principale d'alimentation, le blocage de la vanne principale d'alimentation, par négligence ou encore par la défaillance de la régulation. Cet accident menace l'intégrité structurale du système et provoque de sérieux pertes économiques et parfois humaines [14]. L'installation FCB est équipée par un ensemble de systèmes de contrôle et des actions de sûreté, conçus principalement pour intervenir en cas des situations d'urgence dans le but de préserver les parties sous pression du système. En règle générale, lorsque le niveau est bas sans qu'on puise le situer, les brûleurs s'arrêtent immédiatement. Après la coupure des feux, il faut aussitôt isoler le générateur de vapeur en fermant la vanne de départ de la vapeur [17].

Dans certaines conditions, les chaînes de contrôle et les actions de sûreté peuvent tomber en panne. Dans ce cas, le niveau d'eau dans le générateur de vapeur décroît rapidement, la circulation naturelle s'interrompe affectant le transfert thermique dans les écrans vaporisateurs. Une faible circulation du fluide provoque l'augmentation du taux de vapeur dans les écrans vaporisateurs menant à des oscillations de l'écoulement qui causent l'assèchement périodique de la surface d'échangeur de chaleur [18]. En effet, les structures métalliques se trouvent soumises à une variété de contraintes qui accélèrent l'altération de la cohésion du matériau sous l'effet du flux de chaleur externe et du phénomène d'ébullition du coté interne [36,37]. Selon les informations recueillies auprès des exploitants des générateurs de vapeur, à propos des problèmes existant, l'incident majeur répétitif touche les tubes de plafond de l'écran latéral du foyer. Ces tubes sont très vulnérables au plusieurs types d'avaries (explosion, fissuration ou fragilisation) [38-

40]. La figure IV.1 montre les effets des deux principaux mécanismes de la surchauffe des tubes vaporisateurs.

Figure IV.1: Surchauffe à long terme (à gauche) et à court terme (à droite).

L'examen visuel d'un tube éclaté montre que la zone altérée présente une perforation importante (Fig. IV.1). Les analyses microscopiques de la paroi de tube montrent que le métal a travaillé au-delà de ses limites mécaniques dans lequel la température a dépassée le seuil de fonctionnement. Les tubes sujets d'une explosion sont néanmoins affectés d'une altération thermique mais quantifiable en temps et température, plus des autres phénomènes destructifs tels que les chocs thermiques, la corrosion, la fatigue à chaud qui accélère la dégradation des tubes vaporisateurs. En tous cas, la rupture d'un tube entraîne l'arrêt du générateur de vapeur. Ce qui engendre de sérieuses perturbations dans le programme de livraison contractuelle de l'entreprise [40,41]. Dans ce chapitre on se propose de simuler un scénario accidentel de manque d'eau d'alimentation provoqué par l'arrêt instantané des pompes. Cet accident peut être à l'origine du problème d'éclatement des tubes vaporisateurs. Les objectifs envisagés par cette étude sont :

a) L'analyse de la réponse thermohydraulique du générateur de vapeur suite au transitoire de manque d'eau d'alimentation. En effet, les principaux paramètres tels que la pression, le niveau d'eau, la température, le débit, le taux de vapeur et le coefficient de transfert de chaleur seront présentés.

b) Montrer le rôle et l'intérêt des systèmes de contrôle dans la protection du générateur de vapeur en cas d'accident. L'étude du cas d'une défaillance hypothétique du système de contrôle est réalisée afin de prévoir le comportement thermohydraulique du générateur de vapeur et de définir les parties de l'installation les plus exposées à la dégradation.

c) La mise en évidence de la relation qui existe entre le problème de manque d'eau d'alimentation et l'apparition du phénomène de la crise d'ébullition "dryout" provoquant l'assèchement des parois chauffantes dans la partie supérieure de l'écran latéral de la chambre de combustion.

2. Scénarios accidentels

Avant d'entamer l'étude transitoire, il est nécessaire de vérifier l'établissement de l'état stationnaire dans différent point de l'installation [29]. Dans cette étude, l'état stationnaire est atteint en exécutant le code RELAP5/Mod3.2 pendant 1000 secondes. Avant l'apparition de l'accident, le générateur de vapeur fonctionne à sa charge maximale de 70 ton/h. Les principaux paramètres de fonctionnement du générateur de vapeur à l'état stationnaire sont regroupés dans le tableau IV.1.

Tableau IV.1: Conditions initiales de l'accident.

Paramètre	Unité	Valeur
Débit d'eau d'alimentation	kg/s	19.07
Débit vapeur surchauffée	kg/s	19.07
Niveau d'eau du générateur de vapeur	mm	250
Pression au ballon supérieur	bar	46.58
Température d'eau à l'entrée de l'économiseur	°C	105.81
Température d'eau à la sortie de l'économiseur	°C	165.70
Température de vapeur à l'entrée de surchauffeur primaire	°C	259.56
Température de vapeur à la sortie de surchauffeur primaire	°C	355.29
Température de vapeur à l'entrée de surchauffeur secondaire	°C	388.64
Température de vapeur à la sortie de surchauffeur secondaire	°C	420.01
Puissance totale échangée	MW	54.8

Le régime transitoire est initié lorsque les pompes d'alimentation sont arrêtées accidentellement. Normalement, l'arrêt des brûleurs est effectué immédiatement suite au signal d'alarme "<u>arrêt des pompes</u>". En premier scénario, on suppose que tous les systèmes de contrôle fonctionnent correctement pour atténuer les conséquences de l'accident. Dans le deuxième scénario, on suppose que tous les systèmes de contrôles tombent en panne "scénario non-atténué". Le tableau IV.2 regroupe les principaux événements décrivant le scénario accidentel en fonction du temps.

Tableau IV.2: Les principaux événements du transitoire.

Temps	Evénement
$-1000 \rightarrow 0.0$ s.	Etat stationnaire
t = 0.0 s.	Arrêt des pompes d'alimentation
t = 0.25 s.	Génération du signal d'alarme
Après 5.0 s.	Arrêt des brûleurs
Après 300 s.	Fermeture de la vanne d'isolation en 10 s.
t = 1000 s.	Fin du transitoire

3. Simplifications et suppositions

L'arrêt accidentel des pompes d'alimentation est classifié dans la catégorie des accidents provoqués par la défaillance d'un équipement de l'installation [42]. Cet accident peut avoir lieu suite à une chute de tension, coupure de l'électricité où la défaillance de la pompe elle même [19]. Dans notre cas, on suppose que l'accident est arrivé suite à une coupure générale de l'alimentation électrique. La coupure des feux s'effectue par la fermeture de la vanne du gaz naturel (gaz de combustion). Alors que le débit d'air reste en circulation dans le but de refroidir la chaudière. Dans ce cas, un ensemble de suppositions, s'avère nécessaire pour tenir en compte l'inertie des gaz de combustion ainsi que le refroidissement des surfaces externes des tubes induit par l'écoulement d'air de ventilation. Alors, la densité de flux thermique échangée avant et après le transitoire est exprimée ci-dessous à travers les suppositions suivantes:

- Avant l'apparition de l'accident, la densité relative de la chaleur imposée pour chaque échangeur, $q/q_o = 1$. Sachant que q_o est la densité de flux initial.
- Juste après l'arrêt des brûleurs, la densité de flux de chaleur imposée décroît exponentiellement de la forme $q/q_o = \mathrm{Exp.}\,(-t/10)$.
- Le débit d'air de ventilation sert à refroidir les surfaces externes des tubes de vaporisation. Pour tenir compte de cet effet, la densité de flux de chaleur est exprimée par la relation : $q/q_o = -0{,}01$.

4. Résultats et discussions

L'évolution des principaux paramètres thermohydrauliques de la chaudière à vapeur FCB lors du transitoire de manque d'eau d'alimentation, pour les deux cas, scénario atténué, et non-atténué, sont illustrées dans les figures IV.2 à IV.5. L'intervalle du temps compris entre -50 et 0.0 seconde correspond au régime stationnaire avant l'apparition de l'accident. Le régime transitoire est présenté pour 1000 secondes.

4.1 Scénario Atténué

Le niveau d'eau du générateur de vapeur (Fig. IV.2.a) est un paramètre clé pour comprendre le comportement transitoire du système. Il indique la masse totale d'eau contenue à l'intérieur du système (réservoirs et tubes) [23,43]. Avant l'arrêt des pompes, le niveau du générateur de vapeur est maintenu au milieu (50%) du réservoir supérieur. Juste après l'apparition de l'accident et suite au manque d'eau d'alimentation, le niveau d'eau chute jusqu'à 19 mm. On constate que la décroissance de niveau s'effectue très rapidement avec une vitesse moyenne de 3.87 mm/s. Ensuite le niveau d'eau s'établi à 30 mm jusqu'à la fin du transitoire.

La variation de la pression du générateur de vapeur est montrée sur la figure IV.2.b. Après l'initiation de l'accident et suite à l'arrêt des brûleurs, la pression du générateur de vapeur diminue progressivement jusqu'à 43 bars à l'instant t = 55 s. Ensuite, elle se stabilise à cette pression pendant 70 secondes sous l'influence de la pression du barillet. Après l'arrêt des brûleurs, la chaudière est refroidie par l'air de ventilation, provoquant une décroissance linéaire de la pression jusqu'à la fin de transitoire.

La figure IV.2.c montre les variations de débit d'eau d'alimentation et de débit de la vapeur surchauffée. Avant l'accident, les deux débits ont la même valeur 19.07 kg/s. En conséquence directe de l'arrêt des pompes, le débit d'eau d'alimentation chute brusquement. Après l'arrêt des brûleurs, la génération de vapeur à l'intérieur des tubes est arrêtée et le débit de la vapeur produite s'annule progressivement pendant 100 secondes. Le nombre de circulation du générateur de vapeur est un paramètre très important. Il est défini par l'inverse de la qualité d'écoulement à la sortie des tubes vaporisateurs (x_{out}) [44]. La figure IV.2.d présente la variation du nombre de circulation lors du régime transitoire. On observe que l'arrêt des brûleurs aide à maintenir la circulation naturelle du fluide.

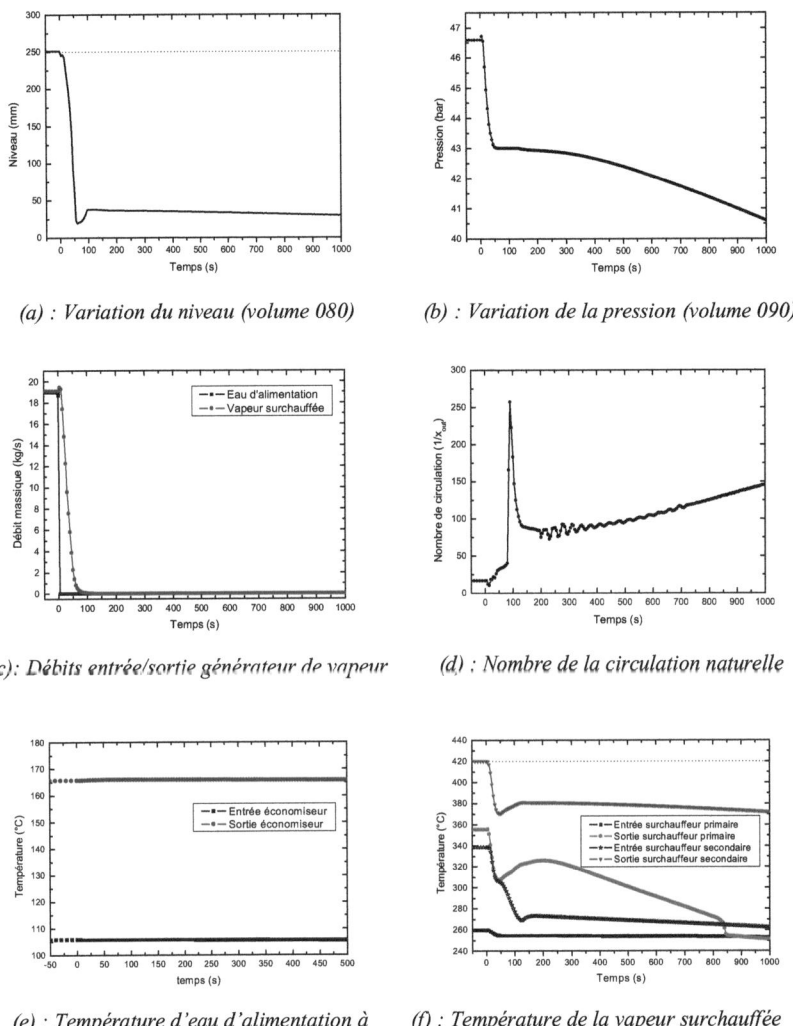

(a) : Variation du niveau (volume 080)   *(b) : Variation de la pression (volume 090)*

(c): Débits entrée/sortie générateur de vapeur   *(d) : Nombre de la circulation naturelle*

(e) : Température d'eau d'alimentation à l'entrée et à la sortie de l'économiseur   *(f) : Température de la vapeur surchauffée à l'entrée et à la sortie de surchauffeurs*

Figure IV.2: Réponse thermohydraulique du générateur de vapeur lors du scénario atténué.

Le nombre de circulation augmente linéairement vers la fin du transitoire. Cette tendance est expliquée par la différence de densité du fluide entre les tubes descendants et ascendants, qui devient de plus en plus importante avec la baisse de la pression du système. Il est aussi important de connaître l'état du fluide au niveau de l'économiseur et des surchauffeurs primaire et secondaire. La figure IV.2.e montre que les températures d'eau d'alimentation à l'entrée et à la sortie de l'économiseur ne subissent pas d'augmentation. De même, la température de la vapeur surchauffée diminue après l'arrêt des brûleurs (Fig. IV.2.f), témoignant de la modération de la température des tubes de surchauffeur.

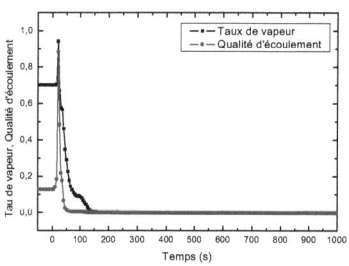

(a) : Variation du taux de vapeur et de la qualité d'écoulement (vol. 24, pipe 204)

(b) : Variation du débit massique à l'intérieur des tubes vaporisateurs de l'écran-D

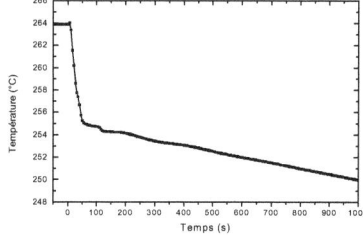
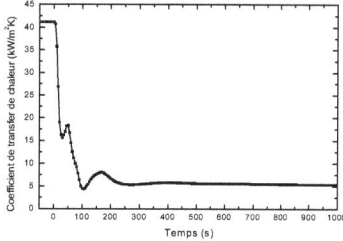

(c) : Température interne de la paroi des tubes vaporisateurs (vol. 24, pipe 204)

(d) : Coefficient de transfert thermique lors du transitoire (vol.24, pipe 204)

Figure IV.3: Comportement des tubes vaporisateurs lors du scénario atténué.

Il est très important de connaître la variation du taux de vapeur ainsi que la qualité (ou titre) d'écoulement à l'intérieur des tubes écran durant le transitoire. La figure IV.3.a montre qu'avant l'accident, la fraction de vapeur à la sortie des tubes de l'écran latéral est 0.7 et la qualité d'écoulement est 0.12. Ce qui confirme que le processus d'ébullition nucléée est le régime de transfert thermique dominant. Due au manque d'eau d'alimentation, une augmentation instantanée est observée dans la qualité d'écoulement ainsi que dans le taux de vapeur. En fin et à cause de l'arrêt des brûleurs, le taux de vapeur et la qualité d'écoulement s'annulent simultanément. Le régime d'écoulement est caractérisé par la convection simple phase liquide.

La figure IV.3.b met en évidence la relation qui existe entre le taux de vapeur et le débit de fluide circulant à l'intérieur des tubes vaporisateur. A l'intérieur des tubes vaporisateurs, la circulation du fluide est plus importante lorsque la fraction de vapeur est plus faible [4]. Vers la fin du transitoire le débit de fluide circulant à l'intérieur de l'écran latéral égal à 20 kg/s.

Les figures IV.3.c et IV.3.d montrent respectivement la variation de la température de la paroi interne ainsi que le coefficient de transfert de chaleur dans l'écran latéral de la chambre de combustion lors de l'accident. Les résultats présentés sont relatifs au volume-24 du pipe-204. Avant l'instant d'apparition de l'accident, le transfert de chaleur à l'intérieur des tubes est assuré par le régime d'ébullition nucléée. Qui ce caractérise par un bon coefficient de transfert thermique de 41.12 kW/m^{2}K et une température modérée de la paroi égale à 264 °C. Lors de l'arrêt des brûleurs, l'ébullition nucléée s'est arrêtée. Dans ce cas, la température de la paroi diminue progressivement jusqu'à la fin du transitoire et le transfert de chaleur s'effectué par la convection simple liquide (640 W/m^{2}K) au voisinage de la paroi.

4.2 Scénario non-Atténué

La figure IV.4.a montre la variation du niveau du générateur de vapeur lors de l'accident. On constate que le niveau d'eau diminue linéairement jusqu'à la valeur de 22.4 mm. La vitesse moyenne de décroissance de niveau est 1.51 mm/s. Par contre, elle est de 3.87 mm/s dans le premier scénario. Cette différence de vitesse montre la contribution des bulles de vapeur dans le niveau du générateur de vapeur.

La variation de la pression du générateur de vapeur lors de l'accident non atténué est présentée sur la figure IV.4.b. Dans les premiers instants de l'accident, la pression du générateur de vapeur augmente jusqu'à la valeur limite de 47 bars provoquant l'ouverture des soupapes de sécurité installées sur le ballon supérieur. Ces derniers s'ouvrent et se ferment successivement pour maintenir la pression du système au-dessous de 47 bars. Cette alternative ouverture/fermeture des soupapes engendre des instabilités hydrodynamiques dans le système. Cet effet apparaît clairement sur les courbes de la pression, débit vapeur, températures des surchauffeurs.

La figure IV.4.c montre que la génération de vapeur est continue et elle dépend fortement de la pression du système. La figure IV.4.d exprime l'arrêt de la circulation du fluide à l'intérieur des tubes. En effet, l'écoulement est bloqué par la vapeur qui occupe la partie supérieure des tubes. Dans l'intervalle du temps compris entre l'instant d'arrêt de la pompe et l'instant d'apparition de la crise d'ébullition, on observe que le système est instable. Ces instabilités influent considérablement sur le transfert de chaleur à l'intérieur des tubes vaporisateurs. A l'instant t = 155 sec. après l'accident, la crise d'ébullition de type assèchement du film liquide apparaît dans la partie supérieure de l'écran latéral de la chambre de combustion.

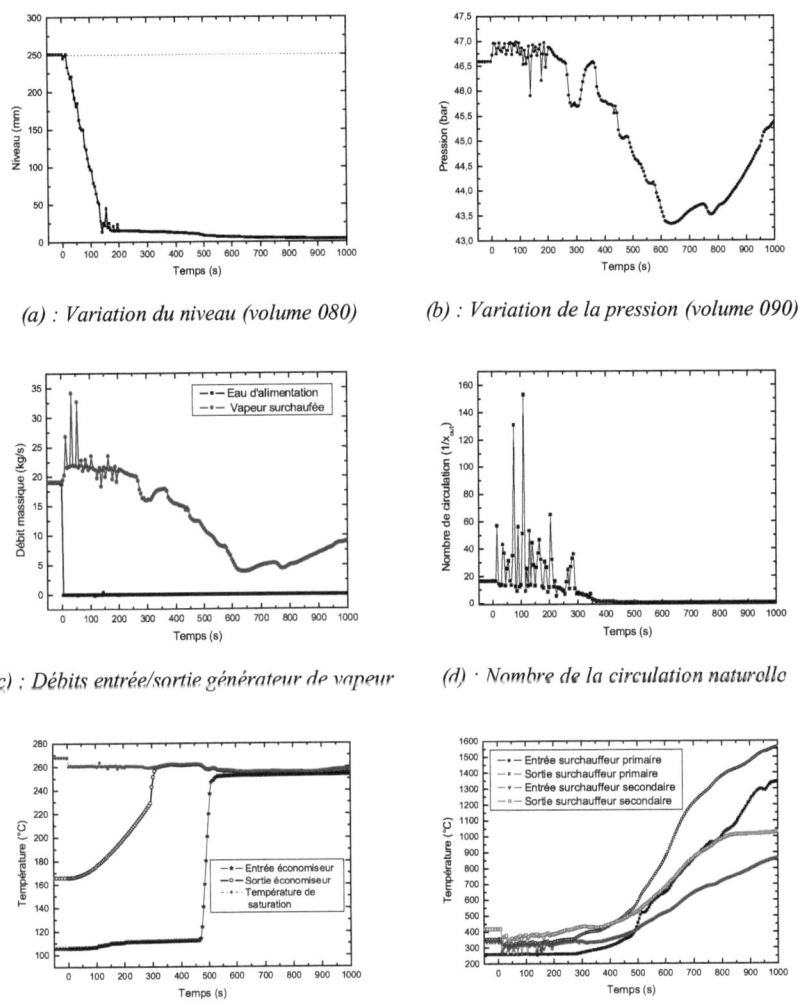

(a) : Variation du niveau (volume 080)

(b) : Variation de la pression (volume 090)

(c) : Débits entrée/sortie générateur de vapeur

(d) : Nombre de la circulation naturelle

(e) : Température d'eau d'alimentation à l'entrée et à la sortie de l'économiseur

(f) : Température de la vapeur surchauffée à l'entrée et à la sortie des surchauffeurs

Figure IV.4: Réponse thermohydraulique du générateur de vapeur lors du scénario non-atténué.

A cet instant la température de la paroi augmente rapidement vers des valeurs très élevées. Le coefficient de transfert de chaleur chute brutalement vers une valeurs très faibles de 73 W/m²K correspond à celui de la convection simple de la vapeur. L'eau qui reste à l'intérieur de la tuyauterie d'alimentation s'évapore sous l'effet combiné de la chute de pression et le flux de chaleur reçu par les tubes de l'économiseur. La figure IV.4.e montre clairement que la température de fluide à l'entrée et à la sortie de l'économiseur augmente progressivement jusqu'à la saturation.

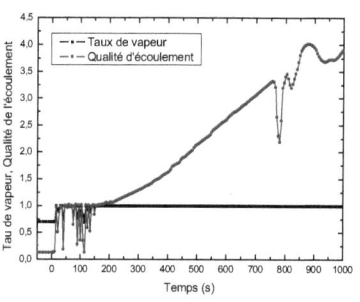

(a) : Variation du taux de vapeur et de la qualité d'écoulement (vol. 24, pipe 204)

(b) : Variation du débit massique à l'intérieur des tubes vaporisateurs de l'écran-D

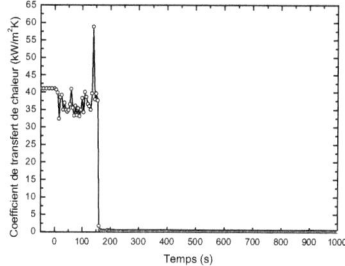

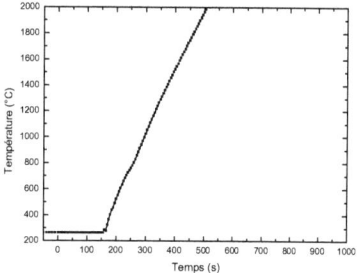

(c): Coefficient de transfert thermique lors du transitoire (vol.24, pipe 204)

(d) : Température interne de la paroi des tubes vaporisateurs (vol. 24, pipe 204)

Figure IV.5: Comportement des tubes vaporisateur lors du scénario non-atténué.

Dans la figure IV.4.f on observe que la température de la vapeur au niveau des surchauffeurs diminue après l'accident. Ceci est expliqué par l'augmentation du débit de vapeur produite. Après 250 secondes de l'accident les températures augmentent vers des valeurs plus élevées. Cette augmentation est due principalement à la qualité d'écoulement qui augmente d'une manière continue (Fig. IV.5.b).

La qualité d'écoulement ainsi que le taux de vapeur augmente à des valeurs très élevées (Fig. IV.5.a et Fig. IV.5.b). Par conséquent, une mauvaise circulation du fluide à l'intérieur des tubes vaporisateurs est observée sur la figure IV.5.b. Dans ces conditions les circonstances de l'apparition de la crise d'ébullition sont réunies. C'est-à-dire, mauvaise circulation du fluide, taux de vapeur élevé, instabilités d'écoulement et en plus le chauffage et maintenue constant. Le coefficient de transfert de chaleur local au niveau de la partie supérieure de l'écran latéral de la chambre de combustion (écran-D) est tracé sur la figure IV.5.c. Le taux de transfert thermique diminue jusqu'à la valeur moyenne de 36 kW/m^{2}K et la température de la paroi reste homogène, 265 °C. L'effet du régime du transfert de chaleur sur la température de la paroi est montré dans figure IV.5.d. Dans le régime d'ébullition nucléé, le transfert de chaleur est excellent et la température de mur n'est pas élevée. A t =155secondes après l'accident, l'ébullition transitoire est observée.

4.3 Analyse des conditions de crise d'ébullition

Dans cette partie on s'intéresse à étudier les conditions d'apparition de la crise d'ébullition ainsi que les mécanismes de transfert de chaleur dans les tubes vaporisateurs de l'écran latéral (écran-D) lors du scénario accidentel non atténué. Les résultats de simulation par le code RELAP5/Mod3.2 concernent seulement les parties verticale et inclinée de l'écran-D (volumes 7 à 25, pipe 204, Fig. III.1).

La figure IV.6 montre la distribution longitudinale de la température interne de la paroi lors de l'accident. Avant l'occurrence de l'accident, le régime de transfert de chaleur par ébullition nucléée est le régime le plus dominant sur toute la longueur des tubes. Le coefficient de transfert thermique est excellent avec des températures acceptables de la paroi. Après l'occurrence de l'accident, les températures de la paroi demeurent homogènes jusqu'à l'instant 155 s. Dans cette période, précisément au niveau de la partie inclinée, l'écoulement du fluide est complètement stratifié. La vapeur circule à la partie supérieure du canal et la paroi inférieure est totalement couverte de la phase liquide sous l'effet des forces de la gravité et de capillarité.

Donc, les conditions d'apparition du phénomène de la crise d'ébullition sont réunies. Ces conditions sont favorisés par d'autres facteurs tels que : la mauvaise circulation du fluide, le taux de vapeur très élevé et en plus l'effet des instabilités hydrodynamiques du système. Ces dernières favorisent à leur tour l'apparition du flux critique (CHF) [45]. Ainsi, les conditions de crise d'ébullition réunies provoquent l'assèchement de la paroi (dryout). A l'instant t =155 s, le film liquide est épuisé sous l'effet d'une vaporisation intense. On observe que le point de crise d'ébullition (*Dryout*) se déplace vers l'arrière du tube.

La propagation du point de crise d'ébullition (*Dryout Propagation*) a été le sujet de plusieurs travaux de recherches [46,47], car ce phénomène intéresse particulièrement l'industrie nucléaire. L'assèchement du film liquide est gouverné par plusieurs phénomènes: l'entraînement du liquide à l'interface liquide-vapeur induit par la vitesse de la vapeur, le flux de chaleur externe, l'agitation de la couche limite par le processus d'ébullition nucléée et aussi par la conduction axiale de la chaleur [45]. Sous ces conditions, on constate l'existence de deux régions d'écoulement: la région d'écoulement dispersé (Post-CHF) dans la partie supérieur des tubes et la région d'ébullition nucléée (pré-CHF) dans la partie inférieure.

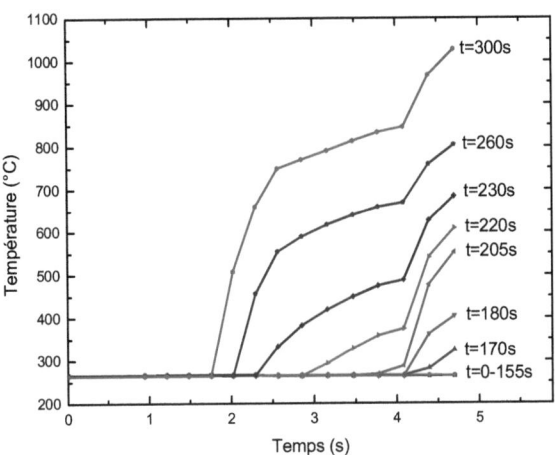

Figure IV.6: Variation longitudinale de la température de la paroi

Ces deux régimes sont séparés par la région d'ébullition transitoire caractérisée par un film liquide instable qui s'évapore spontanément. Dans la région post-CHF, le transfert de chaleur se dégrade dramatiquement. L'effet des gouttelettes liquides en suspension dans la vapeur est remarquable sur une petite distance à droite du point de CHF. La température de la paroi dans la région post-CHF augmente rapidement vers des valeurs très élevées dépassant la limite mécanique du matériau de structure des tubes de la chaudière. Par conséquent, les mécanismes de destructifs des tubes se trouvent multipliés. Dans la plus part des cas, il se produit une surchauffe à court terme qui conduire, sous la pression interne du système, à l'éclatement des tubes.

La figure IV.7 montre la position du point de la crise d'ébullition (*Dryout*) à l'intérieur des tubes vaporisateurs de l'écran-D lors de l'accident. On constate que le point d'assèchement critique se déplace vers le bas. Il est nettement clair que le point de crise d'ébullition dans la partie inclinée se déplace plus rapide que celle dans la partie verticale. Dans la première, la vitesse moyenne de propagation est de 4.66 m/s, alors que pour la partie verticale elle est de 2.5 m/s. A partir de l'instant 155 secondes de l'accident, le phénomène de crise d'ébullition apparaît dans la partie supérieure des tubes. Pendant 80 secondes après, la crise d'ébullition atteint le tronçon vertical.

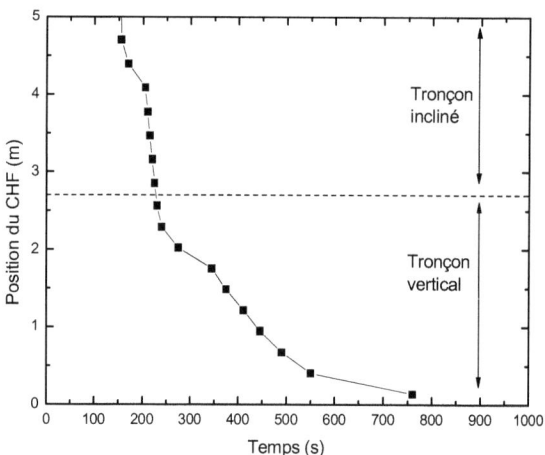

Figure IV.7: Mouvement du point de CHF dans les tubes vaporisateurs.

A la lumière des résultats obtenus lors de l'analyse de cet accident (scénario non-atténué), on peut prévoir le comportement du fluide au niveau des tubes vaporisateurs de l'écran-D comme la montre la figure IV.8. On résume le scénario accidentel de manque d'eau d'alimentation par les points suivants :

Chapitre IV: *Simulation d'un accident de manque d'eau d'alimentation*

1. Le générateur de vapeur fonctionne en régime stationnaire. Tous les paramètres thermo-hydrauliques sont stables en fonction du temps. La circulation naturelle du fluide est assurée par la différence de densité entre le fluide relativement froid à l'intérieur des tubes descendants et celle dans les tubes ascendants. Toute la chaleur reçue aux surfaces externes des tubes est transférée au fluide en circulation. Le processus d'ébullition nucléée est le régime de transfert de chaleur dominant. Ce dernier est caractérisé par des coefficients de transfert thermiques élevés et des températures modérées.

2. Suite à l'arrêt des pompes, le débit d'eau d'alimentation s'annule et le niveau d'eau dans le réservoir supérieur diminue. En effet, l'écart de densité entre les deux colonnes s'annule et la circulation naturelle du fluide s'arrête. Sous l'effet de la chaleur reçue par les tubes, le taux de génération de vapeur augmente et le volume vapeur occupe la partie supérieure du générateur de vapeur. Ce qui freine en plus la circulation du fluide et favorise les conditions d'apparition du phénomène de la crise d'ébullition.

3. Les conditions d'apparition de la crise d'ébullition sont réunies : mauvaise circulation du fluide, taux de vapeur élevé, chauffage continue, stratification de l'écoulement dans les tubes inclinés et en plus les instabilités hydrodynamiques du système. Vu la disposition des tubes de la chaudière FCB, les tubes latéraux situés au plafond de la chambre de combustion sont les premiers tubes touchés par le phénomène d'assèchement critique de la paroi. Le film liquide s'évapore spontanément et le transfert thermique se dégrade fortement provoquant l'élévation de la température de la paroi.

4. La masse totale du liquide dans le générateur diminue rapidement. Cependant, le volume de vapeur augmente. Les tubes de plafond sont menacés par une surchauffe très rapide. Le transfert de chaleur à l'intérieur

des tubes est caractérisé par l'établissement de deux régions d'écoulement différent, la région d'ébullition nucléée (h^+, T^-) et la région d'écoulement dispersé (h^-, T^+). Ces deux régions sont séparées par la région d'ébullition transitoire. La région d'écoulement dispersé (post-CHF) s'étendu à mesure que la région d'ébullition nucléée se rétrécisse sous l'effet de l'évaporation du film liquide. Le point de crise d'ébullition (*Dryout*) se dirige vers la partie verticale des tubes. Le mouvement du point de CHF sur la paroi est contrôlé par plusieurs facteurs :

- L'évaporation du film liquide est accélérée par l'écoulement de la vapeur à la surface libre,

- La conduction axiale de la chaleur provoquée par l'écart de température de la paroi entre la région d'écoulement dispersée et d'ébullition nucléée,

- Les fluctuations d'écoulement induites par les instabilités hydrodynamiques du système,

- La densité de chaleur reçue par les tubes demeure constante durant le transitoire.

5. Dans la partie verticale des tubes, la vitesse de propagation du point d'assèchement critique est plus faible que celle dans la partie inclinée. C'est toujours dû au changement de la configuration de l'écoulement (verticale/incliné). Dans lequel, la distribution axial de la vapeur, l'effet de la gravitée, les forces de capillarité et les forces de frottement entre les deux phases (liquide/vapeur) n'ont pas le même effet dans les deux configurations (verticale/inclinée).

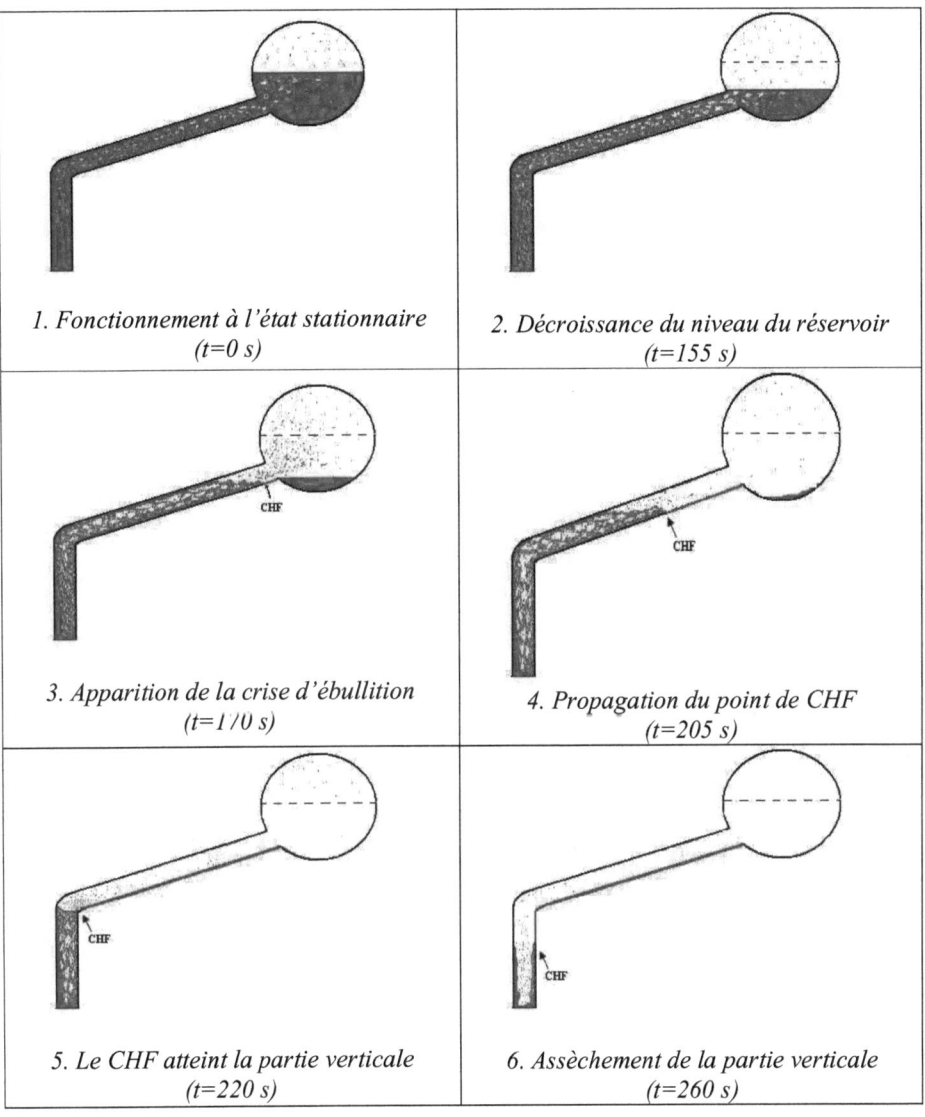

Figure IV. 8: Schéma illustratif de différentes phases de l'accident de manque d'eau, suite à l'arrêt des pompes d'alimentation du générateur de vapeur FCB.

5. Conclusion

La simulation du comportement thermohydraulique du générateur de vapeur FCB lors d'un accident de manque d'eau d'alimentation suit à un arrêt des pompes est présentée dans ce chapitre. La simulation est effectuée à l'aide du code RELAP5. L'étude est faite en deux parties. La première, concerne la simulation d'un scénario atténué dans lequel les systèmes de contrôle et de sûreté sont supposés opérationnels. Dans la deuxième partie, on a supposé que les systèmes de contrôle tombent en panne. Les principaux objectifs de cette étude sont :

a) l'étude de la réponse thermohydraulique du générateur de vapeur suit à l'accident de manque d'eau d'alimentation.

b) La mise en évidence du rôle des systèmes de contrôle dans la préservation de l'intégrité du générateur de vapeur.

c) L'analyse des conditions d'apparition du phénomène de crise d'ébullition et de la caléfaction des tubes et d'identifier les mécanismes de transfert thermique ainsi que l'endroit d'éclatement des tubes de vaporisation.

L'analyse des résultats obtenus montre comment les profiles des paramètres thermo-hydrauliques sont utilisés pour évaluer la réponse du générateur de vapeur à l'accident et comment les systèmes de contrôle et de sécurité, peuvent atténuer l'accident et préserver l'intégrité structurale du générateur de vapeur. Les résultats montrent aussi, que dans le cas où les systèmes de contrôles et les actions de sécurités sont défaillants, le phénomène de crise d'ébullition s'établi dans le générateur de vapeur. En effet, les tubes de plafond de l'écran latéral du foyer sont les premiers touchés par le phénomène d'assèchement critique de la paroi. Autrement dit, ce travail met clairement en évidence la relation qui existe entre l'accident de manque d'eau d'alimentation et le problème d'éclatement des tubes vaporisateurs des générateurs de vapeur.

Conclusion Générale

Conclusion générale

Dans ce travail on a proposé de modéliser le générateur de vapeur (Chaudière à vapeur) Fives-Cail Babcock (FCB) de la Centrale Utilité-II du complexe Fertial-Annaba. L'objectif principal est la simulation du comportement thermohydraulique du générateur de vapeur en régime stationnaire et transitoire à l'aide du code système RELAP5/Mod3.2.

La modélisation adoptée pour la chaudière FCB englobe le circuit d'eau d'alimentation, le générateur de vapeur et le circuit de la vapeur. Les systèmes de régulation pour la pression à la sortie de la pompe, le niveau d'eau du générateur de vapeur et la température de la vapeur surchauffée sont aussi considérés. La préparation des données d'entrée au code RELAP5 nécessite des efforts considérables vu la quantité importante d'informations requises pour la simulation. Un effort supplémentaire est fourni pour remédier au manque de certaines données souvent inévitable pour ce type de travail. Cette étape de travail, nécessite une connaissance approfondie du fonctionnement de tous les composants de l'installation, ainsi que l'ensemble des phénomènes physiques ayant lieu dans le générateur de vapeur.

Une validation, proprement dite de la modélisation, est faite par la confrontation des résultats de simulation obtenus par le code RELAP5/Mod3.2 avec les données d'exploitation du générateur de vapeur FCB en régime stationnaire. L'étude comparative montre que les résultats de la simulation concordent bien avec les données d'exploitation du générateur de vapeur FCB pour les modes de fonctionnement. Il faut aussi souligner, qu'il est indispensable de vérifier l'établissement de l'état stationnaire dans différents points de l'installation, avant d'entamer l'analyse des transitoires. Une analyse quantitative des résultats a été réalisée afin d'examiner l'état thermohydraulique du fluide dans chaque composant du générateur de vapeur (réservoirs, faisceaux tubulaire, écrans).

L'analyse du comportement transitoire du générateur de vapeur est traitée par la simulation d'un scénario accidentel de manque d'eau d'alimentation du générateur de vapeur suite à l'arrêt des pompes. Cet accident est l'un des plus sévères rencontrés dans les installations de chaudière à vapeur. Les évolutions des paramètres thermohydrauliques du système montrent le rôle des systèmes de contrôle dans la sûreté du générateur de vapeur.

Dans le cas où les systèmes de contrôle et les actions de sécurité tombent en panne, le phénomène de crise d'ébullition s'établit dans le générateur de vapeur. En outre, les tubes de plafond de l'écran latéral du foyer sont les premiers tubes touchés par le phénomène d'assèchement critique de la paroi. Par ailleurs, cette étude met en évidence la relation qui existe entre le problème de manque d'eau d'alimentation d'un générateur de vapeur et la surchauffe des tubes vaporisateurs.

A la lumière des résultats obtenus dans le cadre de ce travail, en peut affirmer l'utilité et la capacité du code RELAP5 dans l'analyse thermohydraulique des installations thermiques conventionnelles tel que les chaudières à vapeur. Les modèles de base du code RELAP5 (diphasique, non homogène et non équilibré) permettent de bien reproduire les principaux phénomènes thermohydrauliques caractérisant les générateurs de vapeur tels que la circulation naturelle, le changement de phase par ébullition, l'évaporation et la condensation.

Le présent travail constitue un modèle type de calcul réaliste pour les études de conception et de sûreté des systèmes énergétiques. Les résultats obtenus dans le cadre de cette étude pourraient constituer un début pour des recherches futures ayant pour objectif le transfert de la technologie de simulation numérique qui a fait ses preuves dans le génie nucléaire vers les autres disciplines industrielles. En outre, les performances actuelles du code RELAP5, permettent la simulation en temps réel des machines industrielles, et peut donc faire l'objet d'un modèle de calcul réaliste pour un simulateur futur.

i want morebooks!

Buy your books fast and straightforward online - at one of the world's fastest growing online book stores! Environmentally sound due to Print-on-Demand technologies.

Buy your books online at

www.get-morebooks.com

Achetez vos livres en ligne, vite et bien, sur l'une des librairies en ligne les plus performantes au monde!
En protégeant nos ressources et notre environnement grâce à l'impression à la demande.

La librairie en ligne pour acheter plus vite

www.morebooks.fr

OmniScriptum Marketing DEU GmbH
Heinrich-Böcking-Str. 6-8
D - 66121 Saarbrücken
Telefax: +49 681 93 81 567-9

info@omniscriptum.de
www.omniscriptum.de

Printed by Books on Demand GmbH, Norderstedt / Germany

MIX
Papier aus verantwortungsvollen Quellen
Paper from responsible sources
FSC® C105338